Learn Adobe After Effects CC for Visual Effects and Motion Graphics

Adobe After Effects CC
标准教程

[美] 乔·多克里（Joe Dockery）　康拉德·查韦斯（Conrad Chavez）　著

武传海　译

U0341140

人民邮电出版社
北京

图书在版编目（CIP）数据

Adobe After Effects CC 标准教程 / （美）乔·多
克里著 ；（美）康拉德·查韦斯著 ；武传海译. -- 北京：
人民邮电出版社，2021.5
　ISBN 978-7-115-55844-2

　Ⅰ．①A⋯ Ⅱ．①乔⋯ ②康⋯ ③武⋯ Ⅲ．①图像处
理软件－教材 Ⅳ．①TP391.413

　中国版本图书馆CIP数据核字(2020)第269101号

- ◆ 著　　　[美]乔·多克里　康拉德·查韦斯
- 　　译　　　武传海
- 　　责任编辑　赵　轩
- 　　责任印制　王　郁　陈　犇
- ◆ 人民邮电出版社出版发行　　北京市丰台区成寿寺路 11 号
- 　　邮编　100164　电子邮件　315@ptpress.com.cn
- 　　网址　https://www.ptpress.com.cn
- 　　北京瑞禾彩色印刷有限公司印刷
- ◆ 开本：800×1000　1/16
- 　　印张：18.5　　　　　　2021 年 5 月第 1 版
- 　　字数：288 千字　　　　2021 年 5 月北京第 1 次印刷
- 　　　　著作权合同登记号　图字：01-2020-2156 号

定价：128.90 元

读者服务热线：**(010)81055410**　印装质量热线：**(010)81055316**
反盗版热线：**(010)81055315**
广告经营许可证：**京东市监广登字 20170147 号**

中文版前言

Adobe 是当下多媒体制作类软件的主流厂商之一，媒体设计从业者的日常工作，基本都离不开 Adobe 系列软件。Adobe 系列软件中的每一款都可以应对某一方向的设计需求，并且软件之间可以配合使用，实现全媒体项目。同时，Adobe 公司一直紧跟时代的潮流，结合最新技术，如人工智能等，不断丰富和优化软件功能，持续为用户带来良好的使用体验。

在各色媒体平台迅猛发展的信息时代，图像和音视频处理能力已经成为当代职场人必不可少的能力之一。比如，"熟练掌握 Photoshop"已经成为设计、媒体、运营等行业招聘中重要的条件之一。

Adobe 标准教程系列特色

Adobe 标准教程系列图书是 Adobe 公司认可的入门基础教程，由拥有丰富设计经验和教学经验的教育专家、专业作者和专业编辑团队合力打造。本系列图书主题涵盖 Photoshop、Illustrator、InDesign、Premiere Pro 和 After Effects。

本系列图书并非简单地罗列软件功能，而是从实际的设计项目出发，一步一步地为读者讲解设计思路、设计方法、用到的工具和功能，以及工作中的注意事项，把项目中的设计精华呈现出来。除了精彩的设计项目讲解，本书还重点介绍了设计师在当前的商业环境下所需要掌握的专业术语、设计技巧、工作方法与职业素养等，帮助读者提前打好职业基础。

简单来说，本系列图书真正从实际出发，用最精彩的案例，让读者学会像专业设计师一样思考和工作。

此外，本系列图书还是 ACA 认证考试的辅导用书，在每一章都会给读者"划重点"，在正文中也设置了明显的考试目标提示，兼顾了备考读者和自学读者的双重需求。通过学习目标，可以了解本章要学习的内容；

通过 ACA 考试目标，可以知道本章哪些内容是 ACA 考点。只要掌握了本系列图书讲解的内容，你就可以信心满满地参加 ACA 认证考试了。

操作系统差异

Adobe 软件在 Windows 操作系统和 macOS 操作系统下的工作方式是相同的，但也会存在某些差异，比如键盘快捷键、对话框外观、按钮名称等。因此，书中的屏幕截图可能与你自己在操作时看到的有所不同。

对于同一个命令在两种操作系统下的不同操作方式，我们会在正文中以类似 Ctrl+C/Command+C 的方式展示出来。一般来说，Windows 系统的 Ctrl 键对应 macOS 系统的 Command（或 Cmd）键，Windows 系统的 Alt 键对应 macOS 系统的 Option（Opt）键。

随着课程的进行，书中会简化命令的表达。例如，刚开始本书描述执行复制命令时，会表达为"按下 Ctrl＋C（Windows）或 Command＋C（macOS）快捷键复制文字"，而在后续课程中，可能会将描述简化为"复制文字"。

目　　录

本章目标

学习目标

- 创建和管理项目文件
- 了解工作要求
- 启动 After Effects
- 打开一个项目
- 了解 After Effects 中的主要面板
- 使用【合成】面板
- 使用时间轴面板
- 了解 After Effects 首选项
- 比较 After Effects 与 Premiere Pro 的异同

ACA 考试目标

- 考试范围 1.0
在视觉效果和动画行业工作
1.1，1.2
- 考试范围 2.0
项目创建与用户界面
2.1，2.2，2.3，2.4
- 考试范围 3.0
组织视频项目
3.1
- 考试范围 4.0
创建和调整视觉元素
4.1，4.7
- 考试范围 5.0
发布数字媒体
5.1，5.2

第 1 章

初识 After Effects CC

从表面上看，学习如何制作动态图形似乎就是掌握某一款制作软件的使用方法。但是要制作出好的动态图形，只掌握软件的用法是远远不够的，即使你用的是 After Effects CC——（以下简称 After Effects）这种功能强大且全面的软件，制作动态图形通常也需要进行高度的整合与合作。

整合是指把不同来源的素材（如摄像机、智能手机、无人机、运动相机、图库素材、3D 数字对象与环境、2D 数字图形与图像）拼接在一起，合成一个完整的动态图形。

在制作动态图形的过程中，合作是必需的。因为项目中用到的许多素材是由不同的专业人士（如摄影导演、电影摄影师、3D 数字艺术家）制作的，并且是在制片人、艺术总监的协调下完成的。你是这个团队中的一分子，要顺利地完成工作，你必须和这个团队中的其他成员相互配合、相互合作，而这需要团队成员就标准和程序做清晰明确的沟通。

在本章中，你将作为制作团队中的一员，一起为一位客户制作一个 5 秒时长的宣传动画（图 1.1）。本章中，我们还将组织要在项目中使用的媒体素材。这个过程中，我们会向你介绍 After Effects 的用户界面，以及你可以用它做哪些事。

图 1.1 制作宣传动画

1.1 关于本书

让我们先花点时间解释一下想要达成的目标，这样可以确保我们在这方面达成共识。下面是我们希望本系列图书可以实现的目标。

1.1.1 有乐趣

对于这个目标，我们是认真的，我们希望你在学习本系列图书的过程中找到乐趣。有了乐趣，你才能记住所学内容，才能更容易地集中注意力专注于眼前的任务。

在完成本书练习的过程中，你会创建一些项目。虽然这些项目不是依据你的兴趣来设置的，但是我们尽量让这些项目充满乐趣。你只要跟着这些项目一步步地做就好，相信这些"乐趣"一方面会让你在学习本书的过程中充满愉悦，另一方面也会让你在保持心情轻松愉悦的同时不知不觉地提高自身的知识水平和能力。

1.1.2 学习 Adobe After Effects

这个目标和上一个目标是一致的。在跟学本书项目时，你可以自由发挥，把我们给出的示例项目改造成你自己的。当然，我们也欢迎你跟着我们的示例一步步地做，但也不必过于拘谨，你甚至可以根据自己的喜好更改项目中的文本或样式。在你完全掌握了我们讲解的内容后，我们建议你按照自己的方式来应用它们。在某些项目中，你可能还想学一些不在本书讨论范围之内的内容，去做就好！

1.1.3 准备 ACA 考试

本书涵盖了 ACA 考试的所有目标，但是本书不是围绕着这些目标进行组织的，而是按照你在实际工作中需要了解的流程来组织的，这其中也处处体现着 ACA 考试的目标。本系列图书的作者都是从事相关课程培训的教师和培训师，一直在教授各种软件培训课程。我们在编排课程时充分考虑了人的记忆特点，力求让你在学习本书的过程中获得最好的学习效果。通过本书，你能学到通过 ACA 考试所需的一切知识，还能取得从事初级工作的资格，但是现在不必在意这些，学得开心最重要！

1.1.4 培养你的创造力、沟通能力和合作能力

除了实际动手能力之外，本书还会教你如何成为一个更具创造力、更善于与人合作的人。这些能力对于个人的成功至关重要，不论哪个行业，雇主们都喜欢那些有创造力且善于与人沟通、合作的人。本书会讲解一些有关创造力的基础知识，教你如何为他人进行设计（与他人合作），以及进行项目管理。

1.2 下载、解压、组织文件

针对本书中的项目，我们以 ZIP 文档的形式提供了一套课程素材文件，里面包含所有项目文件。ZIP 格式是一种把多个文件合并成一个压缩文件的便捷格式，方便文件在网络上传输。

ZIP 格式内置文件压缩，因此把某些类型的文件转换成 ZIP 文件后，

其大小显著地减小。不过，由于许多视频和音频文件本身已经经过了压缩，所以我们不必再把它们压缩为 ZIP 文件了。但是，对于本书的课程文件，使用 ZIP 格式提供给大家就非常有必要了，因为课程文件有很多个，使用压缩工具把它们压缩成一个 ZIP 文件后，你只需下载一个 ZIP 文件就可以了。

解压缩 ZIP 文件

对于 Windows 操作系统和 macOS 平台，它们从 ZIP 文件提取内容的方法一样，但是最终得到的结果稍有不同。

在两个操作系统中，双击 ZIP 文件（图 1.2）。

- Windows 操作系统会打开一个窗口，显示 ZIP 文件中的内容。关闭窗口后，你看到的仍然是 ZIP 文件。
- macOS 会把 ZIP 文件中的内容放入一个新文件夹中。这样，你就同时有了两个文件，一个是原始 ZIP 文件，另一个是包含 ZIP 文件内容的新文件。

图 1.2　在 Windows 10 操作系统中，默认情况下 .zip 扩展名是隐藏的，但你仍然知道它是一个压缩文件，因为在【类型】列中显示的是【压缩 ZIP 文件】，并且在窗口顶部你会看到【压缩的文件夹工具】（在 macOS 中，【类型】列中显示的是【ZIP 文档】）

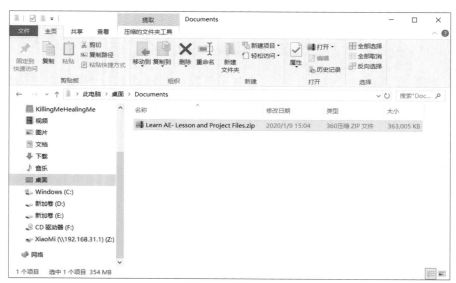

默认情况下，ZIP 文件中的内容会解压到同一个文件夹中。在 Windows 操作系统中，右击 ZIP 文件，从弹出菜单中选择【全部解压缩】

选项，再从弹出窗口中选择要把文件提取到的文件夹即可。在 macOS 中，如果你使用第三方软件打开和解压 ZIP 文件，那么你可以选择把 ZIP 文件解压到一个指定的文件夹中。

删除 ZIP 文件

解压缩 ZIP 文件后，你会得到两种文件，一种是原来下载的 ZIP 文件，另一种是解压缩后的文件。然后，你可以执行如下两种操作之一。

- 在把 ZIP 文件解压缩之后，你可以把它删除，这样可以节省一些存储空间。删除 ZIP 文件的方法和删除其他文件是一样的，例如你可以直接把文件图标拖入回收站（Windows）或废纸篓（macOS）。
- 如果你不在乎存储空间，那你大可保留 ZIP 文件作为备份使用，这样你可以随时找回最初的项目文件。

如果 ZIP 文件存储在网上，与本书的课程文件一样，那么在将其解压缩之后，你可以放心地把它删除，因为需要时，你可以轻松地再次下载它。如果你的网速很慢，下载项目文件要花很长时间，那你最好在本地计算机上保留 ZIP 文件，这样在需要它的时候，你就不用再从网上下载了。

> **注意**
>
> 在 macOS 下，你可能会在课程文件夹中看到一些 Thumbs.db 文件，可以把它们全部删掉。当在 Windows 操作系统下打包 ZIP 文件时，这些文件就会出现，而 macOS 不需要使用它们。

> **提示**
>
> 要查看文档类型（如视频、音频等），请把文件夹窗口改为列表视图。

1.3　管理视频制作文件

下面介绍视频制作中一些常见的做法，这些做法在专业视频制作中很常见，它们有助于保持制作团队的组织性，并且有利于团队成员管理和查找项目中用到的所有媒体素材。

1.3.1　链接而非嵌入文件

在其他应用程序（如 Photoshop）中，你可以通过粘贴以及导入文本以及图形来组织文档，这也称为"嵌入"内容。保存这样的文档时，它的体积会比较大，因为其中包含了所有你嵌入的内容。但对于视频项目来说，嵌入内容的方式并不实用。视频文件本身往往都比较大，就文件

> ★ **ACA 考试目标 2.4**

大小而言，一个高清视频片段抵得上几千个文本文档或图片。

当你把媒体素材导入一个 After Effects 项目时，After Effects 并不会把素材嵌入项目文件，它会记录素材文件名和文件路径，当显示素材时，After Effects 会从指定位置获取素材文件（图 1.3）。

图 1.3 After Effects 中文件路径就是指向素材文件的链接

如果你更改了素材文件的名称，或者把它移动到另外一个文件夹中，原来的链接就会失效，这样 After Effects 就找不到素材文件，也就无法正常加载它了。不过，After Effects 提供了相应的工具来帮助我们快速解决文件丢失问题。

向一个 After Effects 项目导入文件后，被导入的文件实际保存在项目文件之外，这样项目文件的大小并不会随着向项目文件中添加的视频、图形、音频而激增。另外，在更新项目中已有文件时会非常方便，你只需要把具有相同名称的新文件放入旧文件所在的文件夹，使用新文件把旧文件替换掉，After Effects 就会自动应用新文件。

使用这种文件链接方式，必须要确保所有导入项目中的资源都是可以访问的。如果你删除了视频项目中用到的某个视频文件，则项目中用到该视频文件的地方就会变成空白。使用文件链接方式，不仅要备份项目文件，还要备份所有导入的文件。如果你的文件存储得很有条理、很有组织性，那么备份做起来会更容易一些。

1.3.2　确定文件的存储位置

当我们使用计算机时，计算机会不断地响应来自操作系统和当前应用程序的文件访问请求。大多数应用程序（如网页浏览器、文字处理程序等）所访问的文件相对较小，而且读写之间有较长的时间间隔，因此你的计算机能够快速地处理这些请求。

但是，视频制作是另一回事。编辑视频时，尤其是当你浏览视频查找特定帧或检查成品效果时，你的计算机要不断从视频文件中一帧帧地读取数据。在这个过程中，计算机会不断读取（有时是写入）成千上万张图片，这种持续不断的读写活动对计算机的性能提出了很高的要求。视频编辑会在很多方面给你的计算机带来巨大压力。例如，相比 2K 视频（1080P），编辑 4K 视频会对你的计算机提出更高的要求。当你分层编辑多个视频剪辑或者向视频应用特效时，你的计算机承受的压力会更大。应用到图层上的每一次修改和效果都会导致对成千上万像素的计算。项目越大，计算量越大，对计算机的计算速度的要求也越高。

视频编辑对计算机系统提出了较高的性能要求，为此你需要认真考虑项目文件在计算机中的存储位置。如果你把所有文件全部保存在同一个存储器上（如计算机系统的主存储器），那么在编辑视频时，你的计算机很可能会运行得很慢。这是因为你的计算机系统和视频编辑程序会不断进行竞争，以获取对同一个存储器的访问机会。这样一来，只要其中一个处于等待状态，你就必须等待。

使用多个存储器

为了避免对同一个存储器的竞争访问引发性能低下问题，专业视频制作人员通常都会把项目文件分散存放到多个存储器上。一般来说，我们会把操作系统和视频编辑程序（这里是 After Effects）放到系统主存储器（一般是计算机的 C 盘）上，而把项目的素材文件（视频、音频、图片等）存放到另外一个存储器上，把视频编辑中产生的临时文件（如预览文件、缓存文件等）存放到第三个存储器上。

把文件分散存放到多个存储器上最大的优点是，当操作系统访问这些文件时，After Effects 可以同时访问视频文件和缓存文件。这些文件存放在不同的存储器上，所以操作系统和 After Effects 不会因为访问同一个存储器而发生竞争。每个存储器只承担一项任务，因此可以轻松专注地维护自己的数据流不会中断。这样，在编辑视频时，计算机会有更好的响应性能，运行也会更流畅。

当你的计算机使用的是硬盘驱动器（Hard Disk Drive，HDD）时，把项目文件、素材文件、缓存文件分散存放到多个驱动器上更有意义。HDD 有一组读写头，它们同时移动，从磁盘读写文件，这些机械式的读写头在磁盘上的移动速度是有一定限制的。当你的数据分散在多个驱动器上时，计算机读写这些数据的速度会更快，因为多个读写头可以同时工作，分别读写不同数据并进行传送。

除了上面这种 HDD 之外，你可能还听说过固态硬盘（Solid State Drive，SSD），SSD 对数据的读写速度要比机械硬盘快得多。这一点千真万确，因为 SSD 由固态电子存储芯片组成，读写数据时不需要使用机械读写头。由于没有移动部件，SSD 可以一次访问大量存储数据。从价格上来说，SSD 要比 HDD 贵得多，但它的速度更快，使用 SSD，你甚至可以不必把项目文件分散存放到多个硬盘上。但是，新的视频格式（如 4K 视频）对数据的读写速率提出了更高要求，为保证视频编辑系统的响应速度，把文件分散存放在多个 SSD 上仍然是一个好的做法。

那么，网络存储呢？由于视频编辑对系统性能提出了很高的要求，所以把链接的视频素材保存到常见的网络服务器上是不现实的。网络传输速度太慢，无法满足实时播放的要求。要实现高速网络传输，必须使用专业的设备，而这些设备一般都比较昂贵，你只能在少数高端视频制作工作室中看到它们。

遵从团队的文件组织方式

我们应该如何把项目中的文件分散存放到多个存储器上呢？如果你是一个人制作项目，则完全可以根据你自己的预算以及对性能的要求来确定。

但是，在类似本书用作示例的项目中，你通常只是整个制作团队中的一员，你需要和制片经理协调文件组织方式。如果你就职的公司制定了自己的文件组织标准，那你只需要遵守它就好。借助于这些标准，保管项目的存储器就可以在团队成员之间实现无障碍共享，因为所有团队成员在这些存储器上看到的文件组织方式都是一致的。这样，当团队成员工作时，他们只要把项目存储器连接到自己的计算机上，即可开始工作。

1.3.3　整理与命名剪辑

当你编辑的项目用到大量视频剪辑和其他文件时，为了提高工作效率，你需要快速找到所需要的文件。这主要依靠文件名来实现，也就是说，我们通过文件名找出视频项目中需要使用的剪辑，并把它们插入合适的位置。你肯定也不想浪费时间来播放有问题的剪辑，或使用那些不包含你需要的视频素材的剪辑。基于这些原因，在正式开始编辑之前，你应该先把所有剪辑粗略地看一遍，删除那些有问题的，然后为每一个剪辑起一个有意义的名字。

你可以先把所有可用的文件放入预备文件夹中，然后在预备文件夹中进行挑选，把项目使用的内容有组织地放入项目文件夹中，以供制作项目时使用。

1.3.4　管理项目文件夹

为了快速找到所需内容，我们最好在项目文件夹中创建若干子文件夹，然后把不同类型的媒体文件放入不同的文件夹中保存。例如，我们可以把视频剪辑放入【视频剪辑】文件夹，把音频剪辑放入【音频剪辑】文件夹，而把图形图像放入【图形】文件夹中。本书的课程文件并未存放到相应的子文件夹中，这是因为每一课只有几个文件。但是当你处理包含大量元素的复杂项目时，建议你先把媒体文件放入不同类型的子文件夹中，以方便你快速查找到所需要的文件。

我们要根据项目的复杂度来组织文件夹。如果你的项目中包含大量 3D 对象和数字背景，那么你可以在项目文件夹下分别创建【3D】文件夹和【背景】文件夹，用来存放这两种素材。

此外，你还可以创建一个【exports】（导出）文件夹，用来存放项目草稿和成品视频（图 1.4）。

注意

如果你用过 Adobe Premiere Pro 这款软件，那么你会发现，在本质上，After Effects 项目面板中的文件夹与 Premiere Pro 项目面板中的素材箱是一样的。

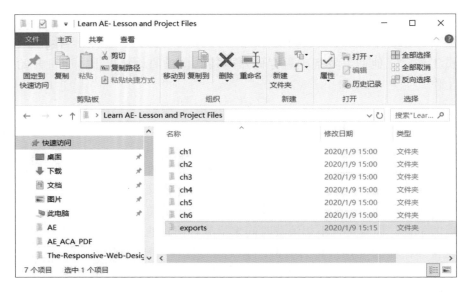

图 1.4 用文件夹组织项目素材

1.4 系统差异

★ ACA 考试目标 2.3

不论是在 Windows 操作系统下，还是在 macOS 下，After Effects 的工作方式几乎都是一样的，只在具体使用上存在一些细微差别。因此，不管你习惯使用 Windows 操作系统还是 macOS，都能轻松地使用 After Effects 这款软件，并且最终制作好的作品也可以轻松地在这两种操作系统下打开。

开始学习视频编辑之前，让我们先熟悉一下 After Effects 在 Windows 操作系统和 macOS 下的一些常见的约定。

1.4.1 键盘快捷键

Windows 操作系统和 macOS 所使用的修饰键（按住修饰键可以改变某些功能或按键的工作方式）不太一样，对应如下。

Windows   macOS

Ctrl   Command

Alt   Option

Shift   Shift

除了 Command 键之外，macOS 还有一个 Control 键，用来模拟鼠标右键单击，但并不常用。

1.4.2　快捷菜单

Windows 操作系统一般都配合双键鼠标或触控板工作，打开快捷菜单的标准方法是单击鼠标右键。

而在 macOS 下，默认情况下鼠标或触控板只支持单击，但是你可以在【系统偏好】的【鼠标】或【触控板】面板中做相应设置，使其支持右键单击（又叫"辅助按键"）。此外，你还可以把双键鼠标连接到 macOS。另外一种打开快捷菜单的方法是按住 Control 键的同时单击。

不论在 Windows 操作系统还是 macOS 中，你都可以把其他输入设备（如轨迹球、绘图板等）连接到计算机上，并把这些设备的空闲按钮设置成鼠标右键。

1.4.3　打开【首选项】对话框

随着你对 After Effects 越来越熟悉，为了使其更好地配合你的工作方式、硬件配置，以及特定制作流程，你可能需要进入【首选项】对话框做一些设置。在 Windows 操作系统和 macOS 下，【首选项】命令包含在不同的菜单中，After Effects 遵守每个平台的常见约定。

在 Windows 操作系统下，依次选择【编辑】>【首选项】菜单命令，打开【首选项】对话框。

在 macOS 下，依次选择【After Effects CC】>【首选项】菜单命令，打开【首选项】对话框。

1.5　确定任务需求

开始制作之前，你应该清楚宣传片的客户、目标受众、目的、交付形式，以及其他需要预先解决的问题。下面列出了项目 1 的任务需求。

★ ACA 考试目标 1.1

★ ACA 考试目标 1.2

- 客户：巴克斯特谷仓。他们向公众提供了一个千载难逢的机会，让他们在一个真实的农场中体验悠久的历史和真正的农场生活，并了解其在生态保护和可持续发展方面所做的努力。
- 目标受众：巴克斯特谷仓想吸引当地家庭以及对可持续农业感兴趣的人。
- 目的：鼓励人们租赁农场设施和参观农场。
- 交付形式：一段 5 秒长的视频，不含音频。客户邀请目标受众到当地电影院观看影片，他们想趁机播放一段宣传动画。宣传动画必须基于 RGB 矢量图形文件制作，以便视频在缩放到任意分辨率时都不会失真。

列出可用的媒体文件

在这个项目中，我们已经获取或创建好了项目所需的媒体文件，如下。

- Baxter Barn Animation.aep：这是一个有待完成的 After Effects 项目。
- bbarn_graphic.ai：这是一个 Illustrator 图形文件，项目中会用到它。

在 Illustrator 矢量图形中，对象是按图层组织的，以便在 After Effects 中分别为每个图层制作动画，这也正是本项目制作动画时所采用的方法。

★ ACA 考试目标 2.2

提示

启动 After Effects 时，立即按快捷键 Shift+Alt+Ctrl（Windows）或 Shift+Command+Option（macOS），会弹出一个对话框，询问你是否要删除首选项文件，单击【确定】按钮可重置首选项。

1.6 启动 After Effects

启动 After Effects 的方法和启动其他应用程序一样，唯一不同的是启动后所呈现的界面。

启动 After Effects 的步骤如下。

1．执行如下操作之一。

- 在 Windows 操作系统下，在【开始】菜单中单击 Adobe After Effects CC 图标；或者双击桌面上的 After Effects 快捷方式图标。

- 在 macOS 下，在【启动台】或【程序坞】中单击 Adobe After Effects CC 图标。若 After Effects 在桌面中有别名，你也可以双击它。

2. 从【开始】界面（图 1.5）中，选择一个选项。

After Effects 启动之后，你看到的不是一个空工作空间，而是【开始】界面。在这个界面中，你可以打开或新建一个单人项目或团队项目。

在【开始】界面中，After Effects 为我们提供了几种新建项目的方法。最常用的方法是单击【新建项目】按钮，该按钮是【文件】>【新建】>【新建项目】菜单命令的快捷键。单击该按钮后，会弹出【新建项目】对话框，你可以在该对话框中设置项目的各个参数，详细内容我们后面讲解。

如果你想从一个模板新建项目，可以在【开始】界面右上角的搜索文本框中输入你要查找的模板，然后单击【搜索】按钮，此时，会打开 Adobe Stock 页面，并把与搜索词相关的图形、视频、模板列出来（某些情况下可能无法访问 Adobe Stock）。

提示

在 After Effects 运行期间，如果你的计算机中还运行着其他占用大量内存的程序，并且你暂时不打算再使用这些程序了，那你可以考虑先把它们关掉。

提示

你还可以从 Adobe Creative Cloud 桌面应用程序启动 After Effects，或者在 Windows 桌面搜索文本框（或 macOS 的【聚焦搜索】）中输入 "After Effects"，单击启动它。

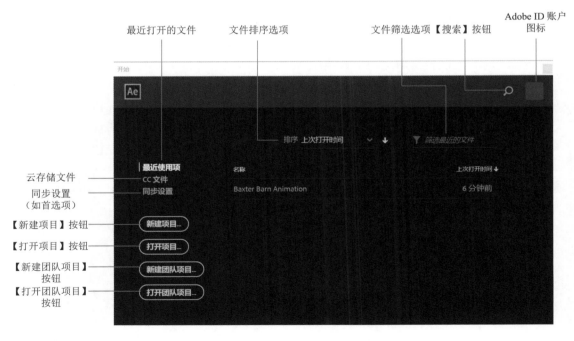

图 1.5　After Effects 的【开始】界面

提示

与其他应用程序一样，在 After Effects 中，你可以使用各种快捷键，在常用菜单命令的后面你会看到它们各自对应的快捷键。例如，【新建项目】（【文件】>【新建】>【新建项目】）的快捷键是 Alt+Ctrl+N（Windows）或 Option+Command+N（macOS）；【打开项目】（【文件】>【打开项目】）的快捷键是 Ctrl+O（Windows）或 Command+O（macOS）。

注意

如果你的计算机是多人共用的，最好不要用自己的 Adobe ID 登录，这也意味着你无法使用 Creative Cloud Files，否则，你会把别人的文件存到自己的 Creative Cloud Files 之中。

日常使用中，在 After Effects 启动后，你要做的第一件事是继续处理上一次未完成的项目。在【开始】界面中 After Effects 会把最近打开过的文件列出来。当你第一次启动 After Effects，或者重置首选项之后，【最近使用项】列表可能是空的。

如果你想打开的文件不在【最近使用项】列表中，请单击【打开项目】按钮。该按钮是【文件】>【打开项目】菜单命令的快捷方式，其功能与其他应用程序中的【打开】命令差不多。

如果你的 After Effects 文档存储在 Creative Cloud Files 云端，则可以通过单击【CC 文件】来查看它们。Creative Cloud Files 是一个云端存储空间，使用之前，需要先使用你的 Adobe ID 进行登录。如果你用过 Dropbox、Google Drive、Microsoft OneDrive、iCloud Files 云存储服务，那肯定不会对 Creative Cloud Files 感到陌生，它们的工作方式都是一样的。你可以使用网页浏览器、手机或平板电脑上的移动应用程序，在 Windows 操作系统或 macOS 的桌面文件夹与 Creative Cloud Files 之间来回传输文件。

除此之外，【开始】界面中还包含其他一些高级选项，这些内容已经超出了本书的讨论范围，这里只是简单地介绍一下。【同步设置】使用你的 Adobe ID 把当前的 After Effects 设置（比如首选项）同步至安装在其他计算机的 After Effects 上。只有当你是某个团队中的一员，并且这个团队使用的是基于云端的 Adobe 团队项目协作工作流时，你才会用到【新建团队项目】和【打开团队项目】这两个按钮。

若【开始】界面没有打开，也没有项目打开，则 After Effects 会显示一个空工作区（图 1.6）。当然，也不是完全空白，你会在【合成】面板中看到两个按钮：【新建合成】和【从素材新建合成】。每个 After Effects 项目至少包含一个合成，你可以使用这两个按钮快速创建项目的第一个合成。

现在，After Effects 已经帮我们创建好了第一个项目，只是这个项目还不包含任何合成，当前我们还不需要创建合成。

启动 After Effects 时重置首选项

有时，我们需要在 After Effects 的【首选项】对话框中重置一些设置，这项操作也可以在启动 After Effects 时进行。

After Effects 启动时，立即按快捷键 Ctrl+Alt+Shift（Windows）或 Command+

Option+Shift（macOS），会弹出一个对话框，询问你是否要删除首选项文件，单击【确定】按钮即可重置首选项。

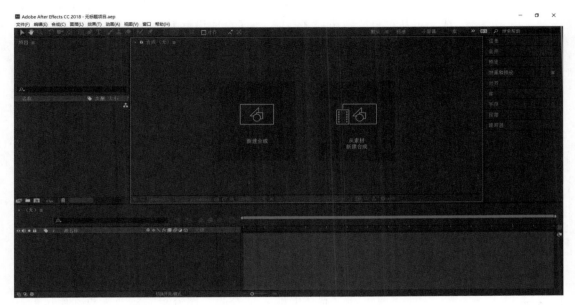

图1.6　一个空的 After Effects 工作区

1.7　查找项目与更改项目设置

　　有时，当你打开一个项目时，你可能并不知道它存储在哪个文件夹和存储器下。此时，你可以查看程序窗口顶部的标题栏，其中就包含了项目文件所在的路径（图1.7）。如果路径后面有星号（*），则表示当前项目还未保存。

★ **ACA 考试目标 2.1**

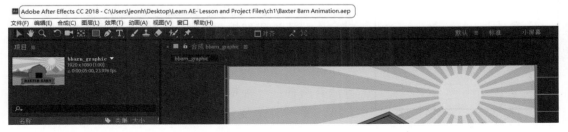

图1.7　在程序窗口的标题栏中有项目文件所在的路径

有时，你可能想更改帧速率、帧大小等这些设置，但是请注意，这些设置只有合成才有，项目本身没有这些设置。一个项目可以包含多个拥有不同设置的合成。要更改项目中某个合成的设置，请先选择相应合成，再从菜单栏中选择【合成】>【合成设置】命令，然后在打开的【合成设置】对话框中进行修改。

获取帮助与学习新技能

若想学习更多有关 After Effects 的内容，请打开【帮助】菜单，再从中选择【After Effects 帮助】或【After Effects 支持中心】命令。

★ ACA 考试目标 2.2

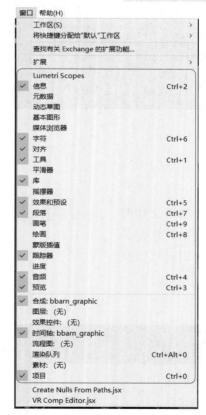

图 1.8 After Effects 的【窗口】菜单中列出了所有可用的面板

1.8　了解面板

After Effects 用户界面经过了精心设计，既强大又灵活，完全能够满足专业工作流程的需要。与你用过的其他应用程序一样，After Effects 不仅提供菜单命令，支持快捷键，还提供了各种浮动面板，你可以根据实际需要灵活安排这些面板。

使用 After Effects 时，我们大部分时间都在与这些面板中的控件打交道。如果你找不到要用的控件，那很可能是因为包含它的面板被隐藏了起来。在菜单栏中打开【窗口】菜单，从中勾选要打开的面板名称，即可打开相应面板（图 1.8）。

你可以把一种面板布局保存成一个工作区。After Effects 默认为我们提供了几种工作区，这些工作区针对特定任务和屏幕尺寸做了优化。后面我们会详细讲解工作区，这里你只需要知道如何切换工作区就可以了。方法有两种：一种是使用程序窗口顶部的工具面板（图 1.9），另一种是使用菜单栏中的【窗口】>【工作区】命令。

图 1.9 从工具面板中选择一种工作区

1.8.1 主要的视频编辑面板

在大多数工作区中，有 3 个面板很抢眼，分别是项目面板、合成面板、时间轴面板（图 1.10）。在学习这几个面板之前，我们先了解一下 After Effects 项目的基本结构。

- 每个项目至少包含一个合成，合成是 After Effects 中最基本的素材组织形式，你可以把它想象成一首歌曲，而歌曲是音乐编排的基本形式。
- 一个合成至少包含一个图层，或者一个可以制成动画的对象。大多数合成都有多个图层。
- 在合成中安排图层和制作图层动画时，需要在时间轴面板中进行。

图 1.10 默认工作区下的项目、合成、时间轴面板

时间轴面板和合成面板是合成的两种呈现方式。时间轴面板中显示的是合成中的图层在一个时间段内的组织方式，而合成面板中显示的是合成在某个时间点的视觉状态。播放合成时，当前时间指示器会沿着时间轴运动，合成面板中显示当前时间指示器所指时间点的画面。

项目面板位于程序窗口的左上方，其中包含所有导入项目中的素材，包括那些未在合成中使用的素材。换言之，项目面板是一个管理素材的场所。此外，你创建的所有合成都会在项目面板中列出来。

使用 After Effects 制作视频通常包含如下几个步骤。

1. 把视频片段以及其他素材导入项目面板中。

2. 在素材面板中浏览素材，只要在项目面板中双击要浏览的素材即可。如果浏览的素材是视频等时基媒体，则你可以根据需要在素材面板中进行修剪。

3. 使用拖放或者快捷键，把素材添加到合成。在合成尚未打开或者创建的情况下，把素材拖入合成面板或时间轴面板时，After Effects 会为我们新建一个包含该素材的合成。

4. 在合成面板中查看结果。如果需要，可以播放最终结果，以检查它是否与我们期望的一致。

制作合成时，应不断从项目面板移动到素材面板，然后在时间轴面板和合成面板中切换，如此循环往复。

1.8.2　其他重要面板

在合成的时间轴中，不仅有视频，还有音频、应用到视频上的效果、静态图片、文字等内容。After Effects 用户界面包含许多面板，借助于这些面板，你可以方便地使用上面这些素材（图 1.11）。

- 你可以使用工具面板中提供的工具编辑和浏览各种媒体素材。请注意，在许多工具的右下角有一个三角形图标，这表示其下隐藏着多个工具。要查找这些隐藏的工具，可以把鼠标指针移动到相应工具之上，按住鼠标左键，即可弹出一个工具组，里面包含所有工具。

- 效果和预设面板中包含大量与视频、音频相关的效果和过渡，还有一些颜色分级预设。

工具面板

音频面板

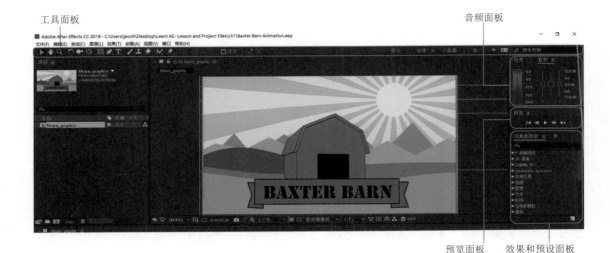

工具面板

预览面板　　效果和预设面板

图 1.11　其他重要面板

- 借助预览面板，你可以控制合成的播放。使用基本控件，你可以播放或停止播放合成。展开面板之后，你可以看到更多控件，利用这些控件，你可以在播放质量和计算机性能之间做权衡。
- 音频面板显示当前时间指示器所指位置的音量。

1.8.3　安排面板

首次启动 After Effects 时，你会看到所有面板包含在同一个程序窗口中。面板与面板之间使用分隔器隔开，当你拖动分隔器缩小一个面板尺寸时，与之相邻的另一个面板尺寸就会变大。

面板有如下 3 种安排方式（图 1.12）。

- 停靠：你可以把多个面板停靠在一起，让它们相互紧挨着，这样你可以同时看到多个面板，因而可以同时看到更多信息。
- 编组：你可以把多个面板编组在一起，形成面板组，这些面板共享同一块空间，就像一摞文件夹一样。在面板组顶部，你会看到各个面板的名称，类似于文件柜中的文件夹。如果你用过支持多个选项卡的网页浏览器，相信你会对这种组织方式很熟悉。

停靠面板

编组面板

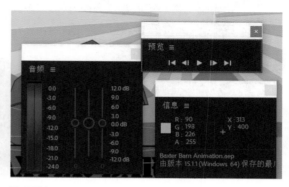
浮动面板

图 1.12 你可以使用多种方式组织安排面板

- 浮动：你可以把一个面板从其停靠位置或面板组中拖出来，使其成为浮动面板。此时，你可以把它拖放到程序窗口中的任意位置。

当多个面板编组在一个狭小的空间中时，可能没有足够的空间来显示所有面板名称。此时，你会看到一个双箭头图标（图 1.13），在其下你可以看到编组中的所有面板名称。

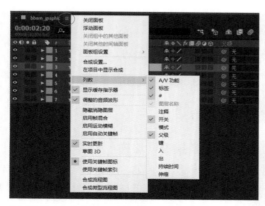

面板菜单中包含【关闭面板】和【关闭组中的其他面板组】命令

图 1.13 面板管理控件

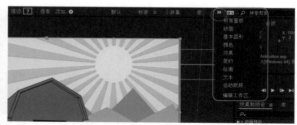

双箭头图标下包含着一个组中所有面板的名称

【关闭】按钮用来关闭浮动面板。对停靠面板来说，【关闭】按钮是一个 × 图标；对浮动面板而言，面板的【关闭】按钮就是窗口的【关闭】按钮

如果你想关闭某一个面板，可以使用如下两种方式之一。

- 当该面板与其他面板停靠或编组在一起时，没有独立的【关闭】按钮，此时可以打开面板菜单，选择【关闭面板】命令。
- 当你要关闭的面板是浮动面板时，单击面板左上角的【关闭】按钮即可。

停靠面板

在 After Effects 的默认工作区中，音频面板是和其他面板编组在一起的，默认处于隐藏状态。如果你想随时查看合成的音量，就需要让音频面板一直保持显示状态。为此，你可以把音频面板从面板组中拖出来，然后将其停靠在指定的位置上，具体步骤如下。

1. 选中音频面板，将其拖出所在的面板组，不要释放鼠标，把音频面板拖动到合成面板右侧（图 1.14）。请注意，拖动音频面板时，鼠标指针所指区域会变成深色，代表着音频面板要停靠的位置。拖放一个面板时会出现如下 3 种情况之一。

- 若把一个面板拖动到另一个面板的中心区域，则两个面板会编组在一起。
- 若把一个面板拖动到另一个面板的边缘区域（上、下、左、右），则两个面板会停靠在一起。
- 按住 Ctrl（Windows）或 Command（macOS）键，拖动面板，释放鼠标后，被拖动的面板会变成一个浮动面板。

2. 把鼠标指针放到合成面板右侧的停靠区域之上，出现高亮显示时，释放鼠标。此时，音频面板就会停靠到合成面板与先前的面板组之间（图 1.15）。

3. 在音频面板和合成面板之间有一条深色线条，它是两个面板之间的分隔器，把鼠标指针放到该分隔器之上，会变成一个带有左右两个箭头的图标。

4. 按住鼠标左键，左右拖动分隔器，可以调整左右两个面板的宽度（图 1.16）。当你增加一个面板的宽度时，另一个面板的宽度会变小。拖动分隔器有助于更好地利用空间，例如，你可以通过拖动分隔器来增加合成面板的宽度，同时减小音频面板的宽度。在 After Effects 中，你可以看到水平分隔器和垂直分隔器两种分隔器。

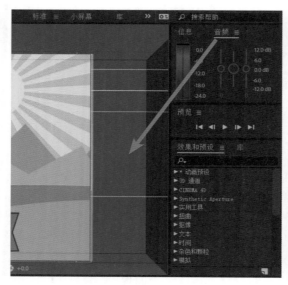

图 1.14　把音频面板拖动到合成面板的右侧停靠区域

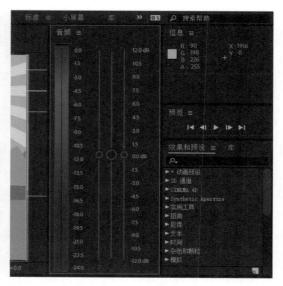

图 1.15　释放鼠标后，音频面板就会停靠到合成面板与先前的面板组之间

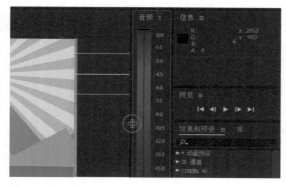

图 1.16　左右拖动分隔器

浮动面板

有时需要把面板单独拎出来，使其成为浮动面板，会更方便使用。下面我们尝试把预览面板拎出来，步骤如下。

1．单击预览面板右上角的三道杠图标，打开面板菜单，选择【浮动面板】命令（图 1.17）。

2．选中预览面板，将其拖动到屏幕任意一个位置。

3．如果你想调整面板大小，可以把鼠标指针放到面板任意边或角上，当鼠标指针变成双箭头形状时，按住鼠标左键拖动即可。

有了浮动面板之后，你可以继续把其他面板停靠或编组到这个浮动面板上。

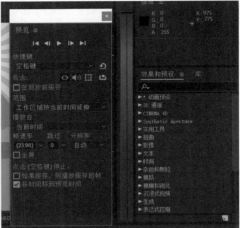

图 1.17 让预览面板成为浮动面板

面板编组

在 After Effects 中，你可以轻松地把一个浮动面板或停靠面板放入一个面板组中。选中预览面板，将其拖动到包含效果和预设面板的面板组中心区域，然后释放鼠标（图 1.18）。

注意

除了可以使用面板菜单中的【浮动面板】命令把一个面板变为浮动面板之外，你还可以使用快捷键，具体做法是：按住 Ctrl（Windows）或 Command（macOS）键，然后在面板名称上按住鼠标左键拖动。

提示

After Effects 程序窗口不是非得要占满整个屏幕，有时我们就需要它不占满整个屏幕。此时，你可以拖动窗口的任意边或角来调整程序窗口的大小，以显露出其背后的桌面或其他程序，这样就可以方便地把相关素材拖动到 After Effects 项目中。

图 1.18 把预览面板拖动到面板组的中心区域

这样，我们就把预览面板和效果和预设面板放到了同一个面板组中。与其他应用程序中使用的选项卡一样，在面板组中，你可以向左或向右拖动面板选项卡，以改变它们在面板组中的顺序。

在多个显示器中安排面板

使用 After Effects 时，如果你使用了多个显示器，那你可以把一些面板放入第二个显示器中。首先，在你的操作系统中，打开投影面板，把第二个显示器设置为【扩展】，而非【复制】。

在 After Effects 中，你可以轻松地把任意一个面板拖到第二个显示器中。当你把某个面板拖到程序窗口之外后，这个面板就会变成一个浮动窗口，就像程序窗口一样，然后你就可以把它放到第二个显示器中。

接下来，你可以继续把其他面板拖动到第二个显示器中的 **After Effects** 窗口中，让它们停靠到指定位置，或者放入相应面板组中，这与在主程序窗口中的操作一样。

1.9 合成面板

★ ACA 考试目标 2.2

合成的基本用途是按正确的时间顺序组织图层。一个项目可以包含多个合成，你可以把一个复杂的合成分解成若干部分，再单独对各个部分进行精细调整。例如，要制作一个五口之家穿过游乐园的动画，这个动画可能由如下一些合成组成。

- 5 个独立的合成，每个家庭成员对应一个。
- 一个合成：旋转的摩天轮。
- 另外 4 个合成，分别代表 4 种游乐设施。
- 一个包含所有场景的主合成。

制作动画时，我们先创建好 10 个合成（包括 5 个家庭成员的合成、一个旋转摩天轮的合成、4 种游乐设施的合成），然后把它们放入主合成中，使之与其他元素（如在天空中移动的云彩）组合在一起。当播放主合成时，所有合成和图层将会一起播放，这时你会看到一个复杂的场景：人们在游乐园中行走，几个游乐设施在不停地运转，同时天上有云彩在飘动。

我们不仅可以在一个项目中使用多个合成，还可以在一个项目中为同一个合成创建几个拥有不同设置的合成。例如，我们可以为同一个合成创建多个版本，一个版本用来在影院的巨幕上作为预告片播放，渲染时要选择高质量渲染；另一个版本用来在移动设备上以网页广告形式播放，渲染时不需要选择太高的质量。

在合成面板底部有许多图标和按钮，你可以通过它们自定义合成的使用方式，以便满足不同的需要（图 1.19）。

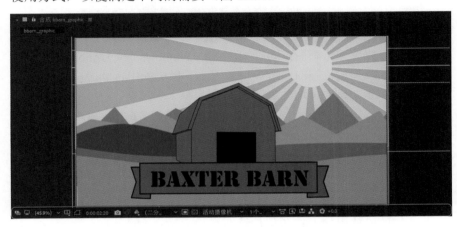

图 1.19　合成面板底部的控件（相关内容本章后面会详细讲解）

1.9.1　激活合成面板

合成面板用来显示合成，所以它是我们最常用的面板之一。

默认情况下，合成面板、图层面板、素材面板都在同一个面板组中。所以，当你发现当前显示的内容不是你想看的合成时，请检查面板组中当前活动面板是否是合成面板。若不是，请先激活合成面板。

1.9.2　在合成面板中移动画面

请注意，合成面板中没有滚动条。当你想移动合成画面时，可以使用另外一种更快捷的方法——【手形工具】。

使用【手形工具】，你可以沿着任意方向移动合成画面。

如果当前工具不是【手形工具】，那么你可以按住空格键，把当前工

提示

使用键盘上的【\】（反斜杠）键，可以在合成面板和时间轴面板之间来回切换焦点。而且，不论当前焦点在哪个面板上，只要按一下【\】（反斜杠）键，焦点就会立刻跳到合成面板上。

注意

要使用空格键把当前工具暂时切换为【手形工具】，正确的做法是按住空格键，而不是单击空格键（按下空格键后松开）。默认情况下，单击空格键会播放合成面板中显示的合成。

具暂时切换为【手形工具】。

1.9.3　更改预览画面大小

你可以轻松更改合成面板中预览画面的缩放比率，方便你查看画面细节（放大）或画面整体（缩小）。在 After Effects 中缩放预览画面不仅简单，而且有多种方法。

执行下面任一操作，即可更改合成面板中预览画面的缩放比率。

- 使用工具栏中的【缩放工具】🔍，单击合成面板中的预览画面，可以放大预览画面；同时按住 Alt（Windows）或 Option（macOS）键，单击预览画面，可以将其缩小。如果你用过 Photoshop 软件，就会非常熟悉这种缩放方式。
- 打开合成面板底部的放大率弹出式菜单，从中选择一个缩放比率，即可实现对预览画面的放大或缩小操作。
- 从菜单栏中依次选择【视图】>【放大】命令或【视图】>【缩小】命令。
- 按,（逗号）键，缩小预览画面；按.（句号）键，放大预览画面。你可以使用如下技巧记住这两个快捷键：,键上有个 < 图标，对应缩小画面；.键上有个 > 图标，对应放大画面。
- 使用鼠标滚轮，或在触控板上使用滚动手势。
- 从合成面板底部的放大率弹出式菜单中，选择【适合】命令，可以使预览画面适合预览窗口。另外，你还可以直接使用快捷键 Shift+/（斜杠）缩放预览画面。

1.9.4　合成面板中的其他控件

合成面板底部有一排图标。你可以单击其中一些图标，更改合成面板的工作方式，使其合乎你的需要。但是请注意，这些控件只控制预览视图，它们既不会对画面内容有任何影响，也不会对合成渲染成文件的方式产生影响。

我们不必掌握合成面板中的所有控件，因为其中有些控件只有在高级工作流程中才能用到。有一些控件会经常用到，例如前面提到的缩放比率控件。下面让我们一起了解一下这些常用控件。

网格和参考线选项

在合成面板中，可以借助不同的选项来确定对象的位置（图 1.20）。

标题 / 动作安全

对称网格

网格

标尺

图 1.20　部分网格和参考线选项

- 标题 / 动作安全：帮助你在组合图层时，充分考虑各种显示设备不同的长宽比和边界限制。
- 对称网格：不管帧大小如何，总是显示相同数量的格线。
- 网格：选择【网格】选项之后，你可以使用指定格线间距（多少个像素）的网格。该选项也可以使用【视图】>【显示网格】菜单命令开启。
- 参考线：选择该选项后，你可以自由创建水平或垂直参考线。你可以使用【视图】>【显示参考线】菜单命令来开启该选项。创建参考线之前，请先打开标尺，然后从水平或垂直标尺向文档中拖动鼠标指针，即可创建出参考线。
- 标尺：选择该选项，将在合成面板中显示标尺工具。
- 3D 参考轴：处理 3D 图层时，打开 3D 参考轴，可以帮助你了解摄像机的朝向。

若想为【网格】和【对称网格】设置间距，请先打开【首选项】对话框，然后在【网格和参考线】中设置网格线间距即可。

从菜单栏中依次选择【视图】>【对齐到网格】或者【视图】>【对齐到参考线】命令，可以控制是否把对象对齐到网格或参考线。

关于【标题 / 动作安全】边距

你可以在合成面板中打开安全边距参考线，这些参考线分别称为"标题安全边距"和"动作安全边距"。内侧边距称为"标题安全边距"，外侧边距称为"动作安全边距"。

安全边距在过去更加重要，当时许多电视机都要在出厂时做设置，使其对画面略微做一些拉伸，以便画面更好地显示在更小尺寸的屏幕上。在大多数电视上，安全边距之内的内容都会被显示出来。摄像师和视频设计师必须把视频画面中的重要内容放入动作安全边距中，把所有文本放到标题安全边距之内。

如果你制作的视频将来要在多种设备上播放，包括老式电视机，那么制作视频时最好遵守动作安全边距和标题安全边距的规定。但是如果你制作的视频只在新式数字显示设备（如计算机显示器、高清电视等）上播放，那大可不必考虑安全边距问题，因为这些设备大都没有应用过扫描。

在视频制作中，"边缘内边距"一般代表长宽比。在老式非宽屏电视上，"最窄边距"代表长宽比为 4 ：3。如果你制作的视频要在不同长宽比的屏幕上播放，就要认真考虑合成的帧大小，确保所有重要内容在不同长宽比的屏幕上都可见。

更改预览时间

如果你想更改合成面板中当前显示的视频帧，可以拖动时间轴面板中的当前时间指示器。此外，你还可以单击合成面板底部的【预览时间】图标，打开【转到时间】对话框，然后在文本框中输入目标时间，单击【确定】按钮，即可跳转到指定时间（图 1.21）。当时间轴面板隐藏时，使用这个方法会非常方便。

图 1.21　在【转到时间】对话框中更改当前时间

更改视频画面的预览质量

播放合成时，有时会发生卡顿现象。例如，当合成中的每个帧涉及许多图层和效果时，需要的处理时间就会很长，这可能会导致你的计算机变慢，进而无法以每秒 20 帧或 30 帧的速度播放视频。

其中，帧大小起着相当关键的作用。例如，一帧 4K 图像（3840px × 1060px）所包含的像素数差不多是一帧 2K 图像（1920px × 1080px）的两倍。由此可知，要提高预览速度，就必须减少要计算的像素数，这可以通过减小预览的帧尺寸来实现。但是，我们并不想永久性地改变合成的帧大小，所以只好降低预览时的分辨率（图 1.22）。

图 1.22　降低预览分辨率

有时，只降低预览分辨率可能无法实现视频的平滑播放。此时，你可以结合使用其他用于减少预览处理负担的技术，但要注意使用的技术不要影响到画面内容和最终渲染结果。

切换透明网格

当一个合成带有透明背景时，需要有一种方法把透明区域和背景区域区分开来。

单击合成面板底部的【切换透明网格】按钮，After Effects 将使用网格把透明区域表示出来（图 1.23）。

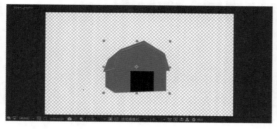
打开透明网格

关闭透明网格

图 1.23 切换透明网格

如果你用过 Photoshop 软件，那你一定会对这种透明网格非常熟悉。

1.10 更改合成设置

★ ACA 考试目标 2.1

新建合成时，After Effects 会打开【合成设置】对话框。前面讲过，一个项目可能会包含多个合成（至少一个），所以你会经常看到【合成设置】对话框。了解合成设置的基础知识是非常重要的。

接下来，我们将使用一个已经创建好的合成——bbarn_graphic.ai（你可以在 Baxter Barn Animation.aep 项目文件中找到它）学习如何为已经创建好的合成更改设置。

要查看或修改合成设置，请执行如下步骤。

1. 从菜单栏中依次选择【合成】>【合成设置】命令，打开【合成设置】对话框。

2. 在【合成设置】对话框的各个选项卡中，根据需要查看或修改设置，单击【确定】按钮。

现在，你可能迫不及待地想了解【合成设置】对话框中各个选项的含义。那接下来，我们就开始吧。

【合成设置】对话框中有 3 个选项卡，具体使用时，你可能并不需要调整 3 个选项卡中的所有选项。但是，其中有一个选项卡是必须要调整（或检查）的，这就是【基本】选项卡。

1.10.1 【基本】选项卡

【基本】选项卡中包含了最常用的选项（图 1.24）。

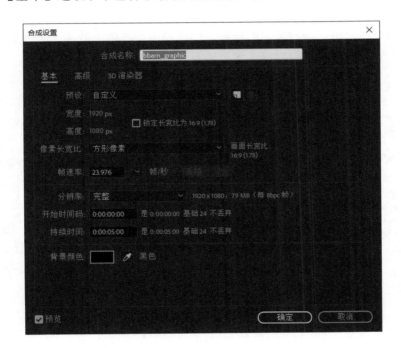

图 1.24 【合成设置】对话框的【基本】选项卡中包含控制合成的最基本选项

- 合成名称：默认情况下，合成名称就是待渲染的视频文件名称。你可以为合成起任意一个名称，但在起名之前最好认真考虑一下，让所起的名称有一定的意义，这样渲染的时候就不用重新命名了。此外，当你的项目中包含多个合成时，为各个合成起一个好名字，有助于理解各个合成之间的关系，以及它们是如何共同组成整个项目的。
- 预设：这里提供了很多预设选项，你可以从中选择一个最符合合成要求的预设。当你选择某个预设之后，After Effects 会自动设置好【宽度】【高度】【像素长宽比】【帧速率】等选项。这非常有用，因为一旦选好了预设，你就不必再费劲地挨个设置这些选项了，除非你对合成有其他特殊的要求。

- 宽度 / 高度：设置合成的帧大小，单位是 px。
- 像素长宽比：设置一个像素宽度与高度的比例。大多数情况下，我们使用的都是【方形像素】（1 : 1）。在老式视频标准中，使用【非方形像素】的情况更常见。【像素长宽比】不同于【画面长宽比】（位于【像素长宽比】右侧），后者指的是画面宽度与高度的比例。
- 帧速率：每秒播放的帧数，一般使用【丢帧】或【无丢帧】时间码表示，常用的是【无丢帧】。
- 分辨率：与合成面板中的分辨率设置是一样的，你可以把预览分辨率设置得比帧尺寸小，防止使用全分辨率播放时出现卡顿问题。
- 开始时间码：只有当需要合成从某个时间点而非从 0 开始时，才需要调整这个值。
- 持续时间：播放合成要花费的时间。例如，在为一个汽车轮子制作旋转动画时，你可以设置【持续时间】，指定轮子要旋转的秒数和帧数。
- 背景颜色：该选项用来设置合成的背景颜色。设置时，你可以单击颜色框，从弹出的拾色器中选择需要的颜色，也可以使用【吸管工具】吸取屏幕上的一种颜色（After Effects 程序界面之外的颜色也可以吸取）。当把当前合成嵌入另外一个合成中时，其背景颜色会变透明。

1.10.2 【高级】和【3D 渲染器】选项卡

通常情况下，我们很少会用到【高级】选项卡和【3D 渲染器】选项卡中的选项，所以一般不会调整它们。在本书的学习中，我们也不会用到这些选项。

当需要更改合成的帧大小时，你可以使用【高级】选项卡（图 1.25）中的【锚点】选项，把图层“钉”在某一侧或某一个角上。

当把一个合成嵌入另外一个合成时，子合成默认会继承父合成的设置。当你想更改默认的帧速率和分辨率时，可以勾选【锚点】下方的两个复选框。

图 1.25 【合成设置】
对话框中的【高级】
选项卡

【运动模糊】中的选项用来控制运动模糊的外观。当想模拟电影摄像机的旋转快门产生的运动模糊时，你可以调整【快门角度】和【快门相位】。

【3D 渲染器】选项卡只有在使用 3D 图层时才起作用。更换渲染器是为了在 3D 渲染质量、外观和渲染速度之间做平衡，具体取决于你使用的计算机硬件。你可以挨个使用各个渲染器，了解一下哪些 3D 效果可以被渲染，哪些 3D 效果不能被渲染。【光线追踪的 3D】选项仅具有 NVIDIA CUDA 显卡的计算机可以使用。

1.11   时间轴面板

经过前面的学习，我们知道合成面板中显示的是合成在某个特定时间点上的一个帧。显然，当你需要处理随时间变化的内容时，合成面板就不再适用了。此时需要有另外一种方式帮助了解合成随时间变化的情况，创建和播放动画及其他动态内容。

★ ACA 考试目标 2.2

★ ACA 考试目标 3.1

时间轴面板正好可以满足上面这些要求。如果说合成面板与空间有关，那时间轴面板就与时间有关，我们可以把时间轴面板看成合成面板的一种补充。

1.11.1　时间轴面板简介

在 After Effects 中，时间轴面板是最常用的面板之一。在时间轴面板中，你可以快速移动到合成中的不同帧或时间点。

在时间轴面板的主要区域中，可以看到大量按顺序排列的图层。下面列出了一些在时间轴面板中导航的常用方法（图 1.26）。

显示当前时间指示器
所在的位置　　　　　　　　　　　　　　　缩放条　　　当前时间指示器

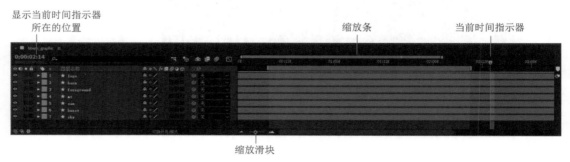

缩放滑块

图 1.26　时间轴面板中的时间控件

- 缩放时间级别的方法有如下几种：使用时间轴面板底部的缩放滑块；拖动时间轴面板顶部的时间导航条端点；按 +（加号）键和 −（减号）键（不要同时按住 Shift 键）。
- 按住 Alt（Windows）或 Option（macOS）键，滚动鼠标滚轮或使用触控板手势来缩放时间轴。
- 按快捷键 Shift+;（分号），缩小到显示整个合成持续时间，或者放大到在时间标尺中显示各个帧。
- 放大时间轴后，有如下方法可以更改显示的时间范围：拖动时间轴面板底部的滚动条；使用【手形工具】🖐拖动时间轴；拖动时间轴顶部的时间导航条。
- 移动当前时间指示器在时间轴上的位置有如下方法：直接拖动当前时间指示器；在左上角的当前时间码中输入目标时间码；使用空格等快捷键播放或暂停视频播放。
- 单击时间轴面板左侧的各种图标，对轨道进行选择、锁定、隐藏、静音等各种操作。

提示

如果你的键盘上有 Home 键和 End 键，你可以使用它们在合成中导航。按 Home 键，转到合成的第一帧；按 End 键，转到合成的最后一帧。

1.11.2　控制时间轴中的图层

时间轴面板不仅可以用来在合成的各个帧之间导航，还可以用来管理图层，这是它另外一个主要功能。

使用图层

一个图层就是添加到合成中的一个素材项。例如，你的项目中包含一个视频文件、一个图形文件和一个空合成。当你把视频文件添加到合成时，合成中就会出现一个图层（视频文件）。当你再向合成添加一个图形文件后，当前合成中就有了两个图层。

你还可以在 After Effects 中创建一些对象（如文本对象等），然后把它们作为图层添加到合成中。

如果你用过 Adobe 公司的其他软件，那你肯定对图层的工作方式很熟悉。在图层列表中，最顶部的图层将出现在合成中其他所有图层的前面。

在时间轴面板中，你可以把一个图层向上或向下拖动，以此改变图层的堆叠顺序（图 1.27）。

图 1.27　把图层拖动到一个新位置可以改变堆叠顺序

执行如下操作步骤，对图层进行重命名。

1. 在时间轴面板中选择一个图层，按 Enter 键（Windows）或 Return 键（macOS），图层名称变为可编辑状态。

2．输入新名称，然后按 Enter（Windows）或 Return（macOS）键，
使修改生效。

了解图层开关

图层开关和模式控件位于时间轴面板上（图 1.28），用来控制图层在
时间轴面板中的显示方式。

合成中的图层显示在时间轴面板左侧。图层名称左侧和右侧是图层
开关。

图 1.28　时间轴面板左侧的主要控件和图层开关

下面让我们一起快速了解一下位于图层名称左侧的常用图层开关。

- 显示 / 隐藏图层：单击眼睛图标，可以隐藏或显示图层。当显示
  眼睛图标时，表示图层在合成面板中是可见的。
- 静音：当图层包含音频时，该开关会显示一个扬声器图标。单击
  扬声器图标，可以关闭图层中的音频。
- 独奏：单击该开关会隐藏所有图层，只显示打开【独奏】的图层
  （一个或多个）。当你想单独处理某一个图层时，你可以打开这个
  图层的【独奏】开关，把其他图层全部隐藏起来，免得它们妨碍
  你或分散你的注意力。如果你打开了多个图层的【独奏】开关，
  则只有这些图层才会显示出来。
- 锁定：单击锁定一个图层，图层锁定后，既无法选择它，也无法
  修改它。
- 展开 / 收起图层属性：标签左侧的三角形图标其实不是一个开关，
  但它非常重要，单击它可以显示图层的属性。在项目制作中，我

们会花大量时间编辑图层属性，特别是在制作动画时。

■ 标签颜色：你可以为图层指定一种标签颜色，以帮助标识重要图层以及相关图层。请注意，标签颜色只影响标签本身，不会影响合成的内容和渲染。

■ 数字编号：合成中的每个图层都有一个数字编号，用来指示图层的堆叠顺序。最顶部图层的编号总为1。当某个图层的堆叠顺序发生变化时，其数字编号也会发生相应的变化。

在图层名称右侧，你可以看到另外一组图层开关和选项（图1.29），这些功能高级用户会用得比较多。

图1.29　时间轴面板中图层名称右侧的一些高级开关
A 消隐
B 折叠变换/连续栅格化
C 质量和采样
D 效果
E 帧混合
F 运动模糊
G 调整图层
H 3D图层

■ 消隐：当一个合成中包含多个图层时，一些不重要的图层可能会妨碍你对重要图层的处理，此时，你可以打开这些图层的【消隐】开关，把它们标记出来，然后单击【隐藏为其设置了"消隐"开关的所有图层】图标（本章后面讲解），这样所有打开了【消隐】开关的图层都会隐藏起来，让时间轴看上去更简洁。

■ 折叠变换/连续栅格化：对于合成图层，打开【折叠变换】开关会改变图层元素（如变换、遮罩、效果）的渲染顺序，这个功能一般用不上，除非你要创建复杂的嵌入合成；对于基于形状的矢量图层，如果你需要不断放大它们，那么可以打开【连续栅格化】开关，这样当它们的尺寸不断变大时，矢量对象仍然能够保持全帧分辨率。

■ 质量和采样、效果、帧混合：当一个合成变得很复杂，播放又卡顿时，你可以调整这 3 个选项。你可以把【质量和采样】设置为【最佳】或【草图】，把【效果】和【帧混合】（当图层的帧速率低于合成的帧速率时，使用【帧混合】可以产生平滑的运动效果）设置为【显示】或【不显示】。把【质量和采样】设置为【草图】并关闭【效果】和【帧混合】可以大大减轻计算机的处理负担。

- 运动模糊：开启了【运动模糊】之后，After Effects 会应用在【合成设置】对话框中设置的运动模糊。与上面 3 个选项一样，关闭【运动模糊】可以减轻计算机的处理负担，预览时会播放得更流畅。

图层名称右侧的最后两个开关用来改变图层的工作方式。

- 调整图层：这个开关可以让你使用一个图层去影响其下所有图层的外观。例如，在时间轴面板的图层列表中有 5 个图层，想让最下面的 4 个图层变得暗一些，可以打开最顶部图层的【调整图层】开关，将其设置为调整图层，并向它应用一个变暗效果，这样其下所有图层都会受到变暗效果的影响。

注意

如果你在时间轴面板中找不到上面这些图层开关，可以尝试单击面板底部的【切换开关 / 模式】按钮。

- 3D 图层：默认情况下图层是 2D 的，有【X】和【Y】两个位置坐标。当你打开了一个图层的【3D 图层】开关之后，该图层会变成 3D 图层，拥有【X】【Y】【Z】（深度）3 个位置坐标。此时，你就可以使用 After Effects 中的 3D 功能来操作这个图层。

提示

如果你的键盘有数字小键盘，那你可以按数字小键盘中的数字键来选择某个图层。例如，按数字小键盘中的数字 3 键，将选中编号为 3 的图层。

形状图层

如果你在一个图层名称的左侧看到一个五角星图标（图 1.30），则表示这个图层是一个形状（矢量）图层。你可以在 After Effects 中用工具绘制一个形状来创建形状图层，也可以直接从 Illustrator 中导入形状图层。形状图层跟视频帧不一样，它不是基于像素的图层。

图 1.30　图层名称左侧的五角星表示该图层为形状图层

除了上面这些之外，时间轴面板还提供了其他许多控制选项，但其中大部分是针对高级用户的。如果你才刚开始学习 After Effects，建议你先不要管它们，否则你的学习热情和积极性可能会大受打击。这里不再讲解，当后面学习过程中用到相应选项时，我们再进行讲解。

1.12　制作图层动画

After Effects 的核心功能是制作图层动画，如移动图层、更改图层属性、应用图层效果等。 ★ ACA 考试目标 4.7

制作图层动画需要做两件事：首先找到你想改变的属性（如位置）。然后在两个时间点上为属性设置不同的值。播放合成时，After Effects 会自动计算前后两帧之间属性值应该改变多少，你看到的是属性值随时间动态变化的过程。

在时间轴面板中，我们使用关键帧来标出时间点，你可以在这些时间点上设置或更改图层的各个属性。

1.12.1　显示图层属性

在为图层的某个属性设置关键帧之前，首先需要在时间轴面板中把那个属性显示出来（图 1.31）。前面讲过，你可以单击图层标签左侧的三角形把图层属性显示出来。

执行如下步骤，显示图层属性。

1．在时间轴面板中，找到想制作动画的图层，单击图层标签左侧的三角形，展开其下属性。此时，你可能还看不到想更改的属性。你可能会看到多个三角形，这些三角形表示的是属性组（如内容、效果、变换等）。

2．单击属性组左侧的三角形，把其下的属性显示出来，找到你要更改的属性。

3．如果你还是没看到要调整的属性，请继续单击三角形，直到你找到要调整的属性为止。

图 1.31　显示图层属性

许多图层属性都有快捷键（单个字母键），你可以直接按某个字母键（不需要同时按住修饰键），把相应的属性显示出来。使用快捷键显示某个属性比使用鼠标一层层地点下去要快得多。例如，当你想把某个选中图层的【位置】属性显示出来时，只需要按 P 键即可；按 R 键，显示【旋转】属性；按 T 键，显示【不透明度】属性（请注意，【不透明度】的英文首字母虽然是 O，但是它的快捷键是 T 键，而不是 O 键。在 After Effects 中，按 O 键会直接跳到图层的出点）。

字母表中只有 26 个字母，而图层属性多于 26 个。为此，After Effects 为我们提供了一些把同一个字母键按两次的快捷键。例如，按一次 T 键显示【不透明度】属性，按两次 T 键（TT 键）显示【遮罩不透明度】属性。

1.12.2　制作动画

制作图层动画至少需要两个带有不同值的关键帧，制作步骤如下。

1．把当前时间指示器移动到你希望动画处于某种状态的那个帧上。

制作动画时，你可以把当前时间指示器移动到动画的起始帧上，也可以从动画结束的那一帧开始，然后倒着做。

2．选择想制作动画的图层，单击颜色标签左侧的三角形，显示图层的所有属性。

如果没有看到你要调整的属性，请继续单击新出现的三角形，直到找到你要修改的属性为止。例如，你要修改【位置】属性，默认情况下，【位置】属性隐藏在【变换】属性组之下，单击【变换】属性组左侧的三角形，才能将其显示出来。

3．若属性左侧的秒表尚未开启，请单击开启它（图 1.32）。

图 1.32　当秒表上出现了秒针并且显示为蓝色时，表示秒表开启了

开启秒表后，After Effects 就会在当前时间点（即当前时间指示器所指位置）添加一个关键帧，然后把当前时间指示器移动到下一个时间点；修改属性值，After Effects 会自动向新时间点添加一个关键帧，以此类推。

4．若属性值尚未设置成动画开始时你想要的值，请更改它。

5．把当前时间指示器移动到某个帧上，在这个帧上修改图层状态。然后编辑同一个图层属性，把它设置为你想要的关键帧的值（图 1.33）。

例如，有一个动画起始关键帧在 2 秒处，为了制作完动画，我们把

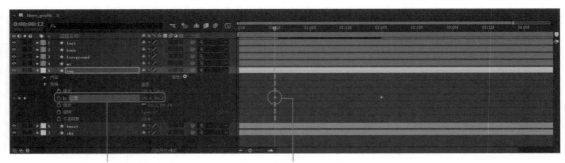

开启关键帧指示器　　　　　　　　在时间轴上添加关键帧

图 1.33　在为一个图层属性制作动画时开启秒表，编辑属性值会创建一个关键帧

当前时间指示器移动到 1/2 秒（12 帧或 0:00:00:12）处，然后修改【位置】属性的值。

有时，你可以使用一些工具代替输入来更改某个属性的值。例如，你可以使用【移动工具】直接把某个对象拖动到起始位置。使用【移动工具】必定会使【位置】属性的值发生变化。

提示

移动当前时间指示器时，同时按住 Shift 键，当前时间指示器会自动吸附到关键帧上，这样你可以准确地把当前时间指示器放到关键帧上。

执行如下步骤，更改关键帧的值。

1. 把当前时间指示器移动到想更改的关键帧上。你可以单击图层属性名称左侧的【转到上一个关键帧】或【转到下一个关键帧】按钮，在现有关键帧之间跳转（图 1.34）。

2. 显示你想修改的图层属性。

3. 修改属性值。

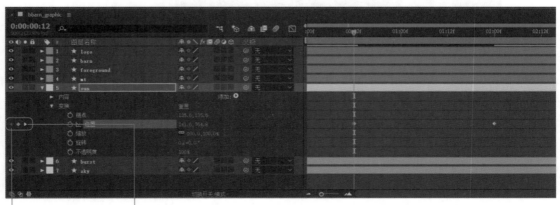

转到上一个关键帧　转到下一个关键帧

图 1.34　关键帧导航按钮

修改属性值的多种方法

你会看到有很多属性值是蓝色的，这表示你可以编辑它们。单击某个蓝色数字，然后输入一个新值即可。如果你不知道要修改为多少，那么你可以使用更直观的交互方式来修改属性值。

- 使用工具：有些属性你可以直接使用某个工具进行调整。例如，你可以直接在合成面板中使用【选取工具】拖动某个图层，更改其【位置】值，这种方式比输入数字要直观得多。同样，你可以使用【旋转工具】更改【旋转】属性的值。
- 拖动：拖动数值本身也可以修改属性值。把鼠标指针放到要修改的属性值上，按住鼠标左键，向左拖动减小属性值，向右拖动增大属性值。拖动改变属性值时，若数值改变得太快或太慢，可以按住修饰键来调整改变的速率。按住 Shift 键拖动，可以增大数值改变的速度；按住 Ctrl（Windows）或 Command（macOS）键拖动，可以减小数值变化的速度。
- 使用箭头键：单击某个属性值，按向上箭头键，可以增大属性值；按向下箭头键，可以减小属性值。如果你想增加或减少属性值的改变量，可以同时按住上面那几个修饰键。

1.12.3　预览合成

执行如下步骤之一，预览合成。
- 在预览面板中单击【播放】按钮（图 1.35）。
- 按空格键。
- 从菜单栏中依次选择【合成】>【预览】>【播放当前预览】命令。

按【停止】按钮、按空格键，或者按 Esc 键，可以停止预览。

第一帧　　　　　　　　　　　播放／停止
　　　　　　上一帧　下一帧　　　最后一帧

图 1.35 预览面板

注意

空格键是【预览】默认的快捷键，但你可以在预览面板中更改快捷键。如果你在另外一台计算机上使用 After Effects，发现按空格键无法预览，请展开预览面板，检查一下预览快捷键的设置。

1.12.4　使用缓动使动画更自然

有些动画开始和结束时会显得比较唐突，不够自然真实。针对此现象，可以添加缓出与缓入效果，这样制作出的动画看起来才会更加真实、自然。在 After Effects 中，你可以轻松、快捷地应用缓动效果。

具体步骤如下。

1．选择一个或多个关键帧。

如果你的动画有两个关键帧，你可以同时选择这两个关键帧，以便在动画开始和结束时添加缓动效果。

2．执行如下步骤之一。

■　从菜单栏中依次选择【动画】>【关键帧辅助】>【缓动】命令。

■　在时间轴面板中，使用鼠标右键（Windows）或者按住 Control 键（macOS）单击任意一个选中的关键帧，从弹出菜单中依次选择【关键帧辅助】>【缓动】命令（图 1.36）。

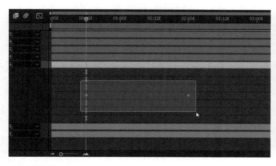

选择关键帧

图 1.36 选择【缓动】命令

应用【缓动】命令后，关键帧图标发生变化

【缓动】命令会自动向所选关键帧应用合适的缓动效果。请注意，在【关键帧辅助】子菜单下，还有【缓入】和【缓出】命令，你可以使用它们对所选关键帧做进一步控制。

1.13　向形状应用渐变

制作某些动画时，需要向某一个形状添加渐变并为渐变制作动画。例如，制作随着太阳升起，天空逐渐变亮的动画时，我们会用到一个矩形形状。你可以使用 Illustrator 创建这个矩形，也可以在 After Effects 中使用【矩形工具】把它绘制出来。

★ ACA 考试目标 4.1

★ ACA 考试目标 4.7

执行如下步骤，向一个形状添加渐变。

1．单击形状图层（矩形所在图层）的【独奏】开关，暂时隐藏其他所有图层，仅显示待编辑的形状图层（这一步是可选的）。

2．选中形状图层。在 bbarn_graphic.ai 合成中，指的是 Sky 图层。

3．在工具栏中，单击【填充】文字（注意不要单击右侧的颜色框）。

4．在【填充选项】对话框中（图 1.37），选择【线性渐变】选项，然后单击【确定】按钮。

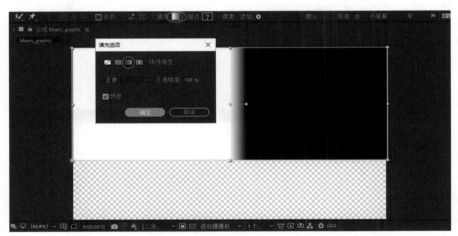

图 1.37　在【填充选项】对话框中选择【线性渐变】选项

5．单击填充颜色框。

此时，打开【渐变编辑器】对话框。你可以使用对话框顶部的渐变条来控制渐变。渐变条上下都有色标。渐变条上方的色标用来控制不透明度，方便你对渐变做淡出处理。渐变条下方的色标用来控制渐变颜色。

单击渐变条，可以添加色标；把色标拖离渐变条，可以删除色标。你可以沿左右方向拖动色标，将其移动到渐变条的不同位置上。这里我们使用渐变条上已有的色标就够了。

就 Baxter Barn 合成而言，我们要把渐变条上方的两个不透明度色标全部设置为 10%，还要修改渐变条下方的颜色色标。

6. 在【渐变编辑器】对话框（图 1.38）中，单击渐变条下方最左侧的颜色色标，将其选中。你可以把左侧的颜色色标设置为深蓝色，代表黎明时的天空；把右侧颜色色标设置为淡蓝色，代表早晨的天空。

拾色器

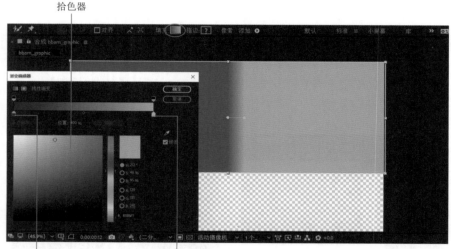

图 1.38 使用拾色器设置渐变条上的两个颜色色标

把左侧颜色色标设置为深蓝色　　把右侧颜色色标设置为淡蓝色

7. 使用【渐变编辑器】对话框底部的拾色器，为所选色标设置颜色。

8. 重复上面两步，为渐变条下方右侧的颜色色标设置颜色。选择色标时，渐变条上的菱形表示两个色标之间的中点，你可以拖动它改变中点。

9. 单击【确定】按钮。只要形状处于选中状态，你就可以在形状中间看到一个渐变控制工具。

接下来，我们设置渐变的距离和旋转角度。

10. 在形状中间有一条渐变控制线（图 1.39），拖动它两端的控制点，设置渐变延伸的距离和渐变角度。

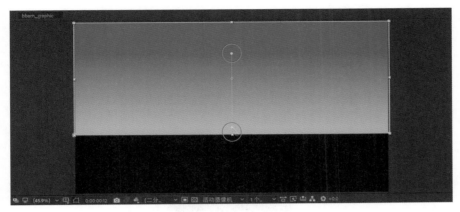

图 1.39　拖动两端渐变控制点调整渐变角度和位置

11. 向下拖动矩形（位于 Sky 形状图层）底部中点，使其填满谷仓和地平线后面的所有区域（图 1.40）。

图 1.40　放大矩形使其填满谷仓和地平线后面的区域

12. 单击 Sky 图层的【独奏】开关，取消选择，把合成中的其他图层再次显示出来。

为了模拟天空随着太阳升起而变亮的情景，接下来，我们要使用关键帧技术为 Sky 图层的【位置】属性制作动画。

1.14　预览面板和时间轴面板

我们的 Baxter Barn 合成很简单，播放起来肯定会很流畅。如果你创建的合成很复杂，预览时有卡顿，那么你可能需要调整一下预览面板中

★ ACA 考试目标 2.1

★ ACA 考试目标 2.2

的设置，才能实现流畅播放。

1.14.1 使用预览面板

在 After Effects 程序界面右侧的面板堆叠区中，双击预览面板的标题条（图 1.41），可以将其展开。

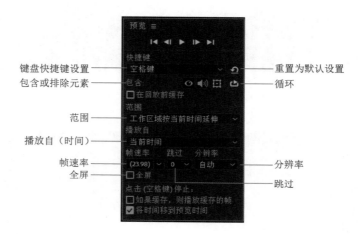

键盘快捷键设置 —— 重置为默认设置
包含或排除元素 —— 循环

范围 ——

播放自（时间）——

帧速率 —— 分辨率
全屏 —— 跳过

图 1.41 【预览】面板
中常用的控制项

默认设置下，预览是在合成面板中播放的。如果你想全屏预览，请在预览面板中勾选【全屏】复选框。

预览面板中包含许多控制选项，当预览合成出现卡顿时，你可以调整这些选项，使其流畅播放。当你的合成中包含大量图层和效果时，它们会拖慢计算机系统，造成播放卡顿。另外，当你的计算机系统配置不高，并且你编辑的合成超出了计算机的处理能力时，也会出现播放卡顿问题。不管是哪种情况，都可以在预览面板中做如下调整。

- 范围：减少要预览的帧范围。例如，把工作区域（下一部分讲解）的持续时间设置得比合成短一些，然后把【范围】设置为【工作区】。
- 帧速率：帧速率设置得越低，每秒需要处理的帧数就越少。
- 跳过：设置每隔一定时间忽略的帧数，用来减少要处理的总帧数。
- 分辨率：降低预览分辨率会减少每个帧中要处理的像素数。

预览时，经过处理的帧会被缓存到内存中。当合成很长时，预览帧数就会很多，你的计算机内存可能容纳不了这些帧。遇到这种情况，你可以尝试缩小【范围】并增加【跳过】值。

你可以根据需要在预览面板中调整各个属性的值，在预览质量和预览性能之间找到一个平衡。对于同一台计算机而言，预览性能和预览质量不可兼得，提高预览性能就意味着要降低预览质量。

1.14.2 时间轴面板工作区域

在时间轴面板中，你可以使用工作区域（图 1.42）指定一个比合成时长更短的时间范围。当你只想关注动画的某个特定部分时，就可以通过设置工作区域来实现。例如，你可以在预览面板中做设置，循环播放指定工作区域中的内容。

工作区域开始　　工作区域　　工作区域结束

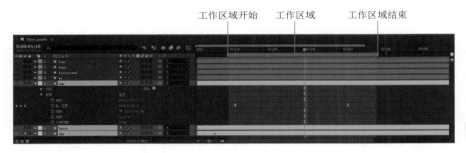

图 1.42　时间轴面板中的工作区域

计算预览帧既耗时又耗内存，通过工作区域限制预览范围有助于加快预览的处理速度，降低内存的使用量。

此外，你还可以通过工作区域指定要导出的帧范围。

如果你想把合成的起点和终点永久地设置为当前工作区域，请从菜单栏中依次选择【合成】>【将合成裁剪到工作区】命令。

提示

请注意区分时间标尺下方的工作区域条和时间标尺上方的时间导航条，它们是不一样的。

1.15 导出合成

导出合成时，After Effects 会把合成中的图层渲染成像素帧以供播放。前面我们已经了解过有关渲染合成预览的内容，接下来我们讲另外一种形式的渲染，即把合成渲染到文件。

当合成很复杂或者帧尺寸很大（分辨率高）时，导出合成就会很耗时，有时可能需要几小时。所以，在开始渲染之前，一定要认真检查，

★ ACA 考试目标 5.1

★ ACA 考试目标 5.2

确保合成的各项设置都正确。

导出合成之前，请做如下检查。

- 请另外一个人检查合成：使用 After Effects 中的预览功能播放合成。
- 检查文本拼写有无错误：保证最终渲染中无拼写错误。
- 检查安全区域：确保重要文本、图形在标题 / 动作安全区之内。
- 检查音频：若合成中包含声音，认真检查声音，最好使用专业级监听器。
- 检查图层可视性：检查是否有图层仍处于暂时隐藏状态。
- 检查合成设置：在【合成设置】对话框中，确保所有设置都符合技术要求。当你的合成是某个视频节目的一部分时，这点显得尤为重要，如果你提供的视频的帧大小和帧速率都不对，则是无法使用的。

把合成导出到文件的操作步骤如下。

1．在合成面板或时间轴面板中，确保待导出的合成处于活动状态，或者在项目面板中处于选中状态。

2．从菜单栏中依次选择【文件】>【导出】>【添加到渲染队列】命令。

在【导出】子菜单中还有其他 3 个命令，用来把合成发送到其他应用程序。但这里我们只选择【添加到渲染队列】命令，把合成添加到渲染队列面板（该面板是 After Effects 众多面板中的一个）。

3．把合成添加到渲染队列面板（图 1.43）之中后，你会看到如下一些设置项。

图 1.43 渲染队列面板

- 渲染设置：单击蓝色文字，为渲染器编辑合成设置，单击【确定】按钮。这是确保合成品质、分辨率、帧速率等设置正确的最后一道防线。

- 输出模块：单击蓝色文字，为导出文件设置文件格式，单击【确定】按钮。选择不同的输出格式，对话框中可用的设置也不同。有些格式只包含音频（如 AIFF），此时，有关视频的设置项就无法使用。

- 输出到：上面的【渲染设置】【输出模块】两个选项可以不设置，但是【输出到】一定要设置，因为只有设置了此选项，After Effects 才知道该把输出文件保存到哪里。单击蓝色文字，在【将影片输出到】对话框中为导出文件选择一个目标文件夹，单击【保存】按钮。

4. 单击【渲染】按钮，启动渲染队列。

注意

只有在 Windows 操作系统中安装了 QuickTime，输出时才能使用 QuickTime 格式，但是 Apple 公司已经不再为 Windows 操作系统中的 QuickTime 提供安全更新。因此，不建议在 Windows 操作系统中安装 QuickTime。

选 Adobe Media Encoder 还是渲染队列？

有两种方式可以把一个合成导出为视频文件：你可以使用 After Effects 的渲染队列导出合成，也可以把合成发送到 Adobe Media Encoder（随 After Effects 一同安装的独立程序）的队列中进行导出。使用 Media Encoder 有如下一些好处。

- Media Encoder 可以在后台处理导出，这期间你可以返回到 After Effects 中继续处理其他合成。请注意，当程序后台有导出任务时，计算机会尽力确保程序在前台能够及时响应用户的操作，但仍然有可能会导致一两个行为变慢的问题。计算机运行速度越慢，多任务切换时时间延迟越明显。

- Media Encoder 可以把多个导出任务放入队列中。在 After Effects 中导出合成时，只有当一个导出完成之后，才能继续导出下一个。而使用 Media Encoder 时，你可以把多个合成从 After Effects 发送到 Media Encoder 中，这些合成会被放入 Media Encoder 队列中，然后依次做导出处理。

- 如果你需要把一个合成导出为多个版本，这些版本之间唯一的区别是导出设置不同，此时，你只需把合成从 After Effects 发送到 Media Encoder 中一次，然后在 Media Encoder 中复制出多个，分别修改各个副本的导出设置。这比从 After Effects 多次发送合成到 Media Encoder 中进行导出要快得多，并且比创建合成的多个副本更简单。

Media Encoder 是一个独立的视频转换器，你可以使用它把视频文件从当前格式转换成另外一种格式，这个过程就叫"转码"。例如，你可以把多个视频文件拖入 Media Encoder 的队列中，然后应用一个导出预设，把它们全部转换成需要的格式。

1.16 After Effects 首选项

★ ACA 考试目标 2.2

通过【首选项】对话框，你可以调整 After Effects 的设置，使其更符合你的工作方式和计算机硬件配置。

After Effects 的【首选项】对话框中提供了大量设置选项。作为初学者，我们不需要了解其中所有选项的功能，因为其中有许多选项都是针对专业工作流程的。这里，我们只简单地介绍一些最常用的选项。

【首选项】对话框中常用设置如下（图 1.44）。

- 网格和参考线：在【网格和参考线】中，你可以自行指定网格间距和颜色。
- 媒体和磁盘缓存：渲染帧会占用计算机大量处理能力和时间，所以 After Effects 会把渲染好的帧缓存起来。查看某个帧时，如果这个帧未发生改变，After Effects 会直接从缓存中读取它，这比重新计算要快很多。缓存使用的是本地硬盘上的空闲空间，当硬盘的读写速度很快并且有大量空闲空间时，缓存的工作效果较好。如果你是 After Effects 新手，建议你保持默认设置不变。当你熟练掌握了 After Effects 之后，可以通过设置额外高速缓存驱动器来释放系统磁盘上的存储空间。

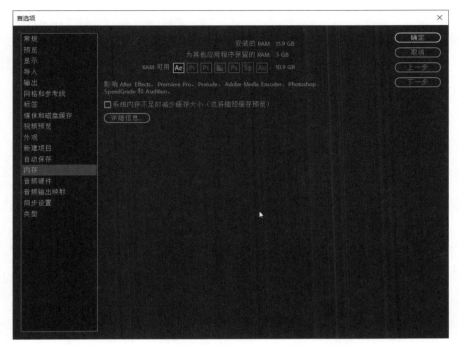

图 1.44　在【首选项】对话框左侧列表中单击名称即可显示相应选项

- 外观：许多视频编辑程序都默认采用深色用户界面，After Effects 也不例外，你也可以在【外观】中根据自身喜好进行修改。

- 自动保存：尽管许多人有随时保存文件的好习惯，After Effects 还是为我们提供了【自动保存】功能，该功能可以随时为你的作品保存多个版本，这相当于多了一层安全保障。当你想回退到某个在项目文档中不可用的版本时，这个功能会非常有用。自动保存会把作品的所有版本保存到一个名叫【Adobe After Effects Auto-Save】的文件夹下，默认情况下，该文件夹位于你的项目旁边。

- 内存：在【内存】中，你可以限制 Adobe 应用程序可占用的内存大小。操作系统动态地把内存分配给应用程序，不断响应和调整当前运行的应用程序的内存请求。如果你想把更多内存留给其他非 Adobe 应用程序，你可以把【为其他应用程序保留的 RAM】的值设置得大一些。反之，如果你想把内存尽可能多地分配给 Adobe 应用程序使用，则需要把【为其他应用程序保留的 RAM】的值设置得小一些。但是，你不能把【为其他应用程序保留的 RAM】的值设置为 0，因为操作系统运行时也需要使用一定大小的内存。

1.17　比较 After Effects 和 Premiere Pro

　　After Effects 和 Premiere Pro 都是 Adobe 公司推出的视频编辑软件，它们在视频行业中有着广泛的应用。这两款软件有何区别？

　　After Effects 更多的是在垂直方向上处理视频，主要用来为一系列堆叠的图层制作动画；而 Premiere Pro 则更多的是在水平方向上处理视频，主要用来按照时间先后顺序安排已准备好的视频片段，形成最终作品（图 1.45）。

After Effects	Premiere Pro
用来创建复杂的视觉效果、动态图形和 3D 作品	用来从开始到结束编辑一个完整的视频项目
把多个视频和其他视频素材堆叠在一起（垂直方向）	沿着时间线组织多个视频或音频剪辑（水平方向）
适合用来合成、混合、合并图层	适合连续编排剪辑的各个部分
每个元素有自己独立的轨道	同一个轨道上可以放置多段剪辑
提供了大量用来制作复杂视觉效果、动画（如运动模糊）的工具	提供了用来制作简单视频效果和动画的工具

图 1.45 After Effects 和 Premiere Pro 的主要区别

　　这些描述表面上看起来好像没那么大的差异，但是从两个应用程序最终作品的时长来看，它们之间的差异非常明显。许多 After Effects 合成的时长短于 1 分钟，例如动作影片中的特效镜头，或者影片在切换到下一个镜头之前仅在屏幕上出现几秒钟的广告动画。而 Premiere Pro 的序列可能是一个时长为一小时的电视节目或者时长为两小时的电影。

　　进一步比较，Premiere Pro 有如下几个特点。

- Premiere Pro 擅长编辑长时长的视频项目，能够高效地把多个剪辑编辑成长时长的视频作品。
- Premiere Pro 是一款"全能"软件，能够胜任各种视频编辑和动态图形处理任务，但是在某一个特定方面有所欠缺，如遮罩、合成、效果等。
- Premiere Pro 致力于把多种不同类型的内容整合成一个统一的整体。

After Effects 有如下特点。

- After Effects 特别适合用来编辑短时长的合成，而这些合成通常是一段较长视频的组成部分。你可以使用 After Effects 创建独立的小片段，再用 Premiere Pro 把它们合起来。

- After Effects 是一款专业化的软件，提供了一系列专业功能，如创建动态图形、特效等。
- After Effects 也可以用来把不同类型的内容整合到同一个合成中，但合成的时长通常都比较短，而且这些合成一般都会作为素材，用来在 Premiere Pro 中制作时长更长的视频作品。

1.18　课后题

这一章中，我们不仅了解了 After Effects 的主要面板，还学习了制作动画、导出合成的一些内容。下面让我们一起回顾一下这些内容，看看以下几个操作你是不是会做。

- 启动 After Effects。
- 从 After Effects 的【开始】界面中打开 Baxter Barn Animation.aep 文档。
- 在工作区中重排一个或两个面板。例如，把预览面板移动到工作区中的另外一个位置。
- 为 bbarn_graphic 合成的不同部分制作动画。例如，让 Logo 从画面之外移动到当前位置。
- 预览编辑好的动画。
- 把合成的一个新版本渲染到 Exports 文件夹中。

1.19　小结

祝贺你！到这里，你已经学完了第 1 章的全部内容。相信你已经了解了在 After Effects 中制作动画的基本流程。本章中，我们学习了如何组织文件和面板，还学习了如何在 After Effects 找到重要的面板、制作元素动画（为属性设置关键帧）、打开合成，以及把合成导出到视频文件。

在这一章里，我们已经学了很多内容，但这只是第 1 章！在接下来的章节中，我们会更详细地讲解这些内容。

本章目标

学习目标

- 明确工作要求
- 新建项目
- 使用项目面板管理文件
- 创建合成
- 了解 After Effects 用户界面
- 了解基本面板功能
- 使用合成和时间轴面板编辑合成
- 使用时间轴面板制作图层动画
- 在合成中使用 Photoshop 和 Illustrator 文件
- 向图层应用效果
- 向图层应用遮罩
- 向合成添加文本
- 为两个图层建立"父子"关系
- 向合成添加音频
- 导出合成至 Adobe Media Encoder，渲染成一个或多个文件

ACA 考试目标

- 考试范围 1.0

在视觉效果和动画行业工作

1.2，1.4

- 考试范围 2.0

项目创建与用户界面

2.1，2.2，2.3，2.4

- 考试范围 3.0

组织视频项目

3.1，3.2

- 考试范围 4.0

创建和调整视觉元素

4.1，4.2，4.3，4.4，4.6，4.7

- 考试范围 5.0

发布数字媒体

5.1，5.2

第 2 章

基本变换

2.1 明确工作要求

开始制作之前，你应该明确了解宣传片的目的、受众、交付形式以 ★ ACA 考试目标 1.2 及其他需要在制作开始之前解决的问题。下面是项目 2 的工作要求。

- 客户：红宝石餐馆（Ruby's Diner）。这是一家复古风格的餐馆，里面有很多怀旧元素。
- 目标受众：怀念在 20 世纪 50、60 年代老式餐馆用餐的顾客。
- 目的：激发观众对这家复古风格的餐馆的兴趣。
- 交付形式：手机 App 的启动动画，只有几秒长。特色是餐馆外面霓虹闪烁的箭头标志牌。

列出可用的素材文件

制作本项目所需要的素材文件已经准备好了，你可以在本课的课程文件夹中找到它们（图 2.1）。

图 2.1　素材文件

- arrow.psd：这是一个 Photoshop 文件，里面是挂在餐馆外面的箭头标志牌。

- rubys-diner-logo.ai：这是一个包含多个图层的 Illustrator 图形文件，在 After Effects 项目中会用到。
- starter.wav、short.wav、long.wav：3 个音频文件，用来增强动画效果。

Illustrator 矢量图形中的对象是使用图层组织的。这样组织方便我们在 After Effects 中为各个图层分别制作动画。

事实上，制作新项目时，你首先要自己动手创建一个 After Effects 项目。接下来，我们新建一个 After Effects 项目。

2.2 新建项目

★ ACA 考试目标 2.1

下面创建一个包含一个合成的项目。请记住，一个项目中可以包含多个合成，只要你需要，你可以在项目中创建多个合成。

双击 After Effects 图标，启动 After Effects，首先看到的是【开始】界面。在【开始】界面中，单击【新建项目】按钮即可创建一个新项目。

1. 执行如下步骤之一，新建一个项目。

- 若 After Effects 尚未启动，请先启动它，然后在【开始】界面中，单击【新建项目】按钮，即可创建一个新项目（图 2.2）。
- After Effects 启动后，若看不到【开始】界面，请从菜单栏中依次选择【文件】>【新建】>【新建项目】命令。若打开的是一个未保存的项目，After Effects 会先提示你进行保存，保存后，那个项目会被关闭，然后才出现一个未命名的新项目。

2. 从菜单栏中依次选择【文件】>【另保存】>【另存为】命令，输入项目名称，单击【保存】按钮。

After Effects 项目文件的扩展名是 .aep，打开操作系统的【文件扩展名】选项，你会在项目文件名的最后看到 .aep 扩展名。在 After Effects 程序窗口的标题栏中，你会看到项目文件的保存路径。

新建项目之后，你会看到一个空的工作区。

图 2.2 出现【开始】界面时，单击【新建项目】按钮

接下来，我们把素材导入项目，以便创建合成。

向项目中导入素材

导入 After Effects 项目中的所有素材都显示在项目面板中，你可以在项目中创建的所有合成中使用它们。通过第 1 章的学习，我们知道所谓的导入素材并不是把素材复制到项目文件中，而是创建一个指向素材文件的链接，里面记录着各个素材文件的路径。

向 After Effects 项目中导入素材的方法有如下几种。

- 从菜单栏中依次选择【文件】>【导入】>【文件】命令（或者【导入】子菜单中的其他命令），在【导入文件】对话框中，选择要导入的文件，单击【导入】（Windows）或【打开】（macOS）按钮。

提示

启动 After Effects 后，若未打开任意一个项目，你会看到一个空的、未命名的项目工作区。只要能看见项目面板，你就可以向项目中添加素材。请务必立即保存这个未命名的项目。

★ ACA 考试目标 2.4

提示

【文件】>【导入】>【文件】菜单命令的快捷键是 Ctrl+I（Windows） 或 Command+I（macOS）。

- 把素材直接拖入 After Effects 的项目面板中（图 2.3）。
- 如果你想单独为某个文件指定导入选项，请单独导入那个文件，不要将其与其他文件一起导入。

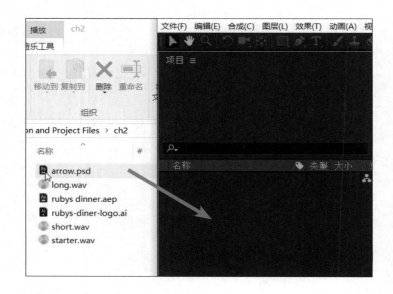

图 2.3 导入素材时，你可以直接把素材拖入项目面板中

为 Photoshop 文件设置导入选项

如果你要导入的 Photoshop 文件包含多个图层，你可以让 After Effects 分别导入各个图层，也可以让 After Effects 把多个图层作为一个整体进行导入。

导入一个包含多个图层的 Photoshop 文件步骤如下。

1. 从菜单栏中依次选择【文件】>【导入】>【文件】命令。

2. 在【导入文件】对话框中，转到 Photoshop 文件所在的文件夹下，选择要导入的 Photoshop 文件。

如果在目标文件夹下找不到你要导入的 Photoshop 文件，请检查对话框底部的文件列表，确保当前选中的是【所有可接受的文件】或【Photoshop】。选择要导入的 Photoshop 文件后，在【格式】下会显示【Photoshop】。

3. 单击【导入】按钮，在【导入种类】（图 2.4）下拉列表框中，选择把 Photoshop 文件作为素材还是合成导入。

- 素材：选择该选项，不论 Photoshop 文件中包含多少个图层，

After Effects 都会将其作为一个整体导入。

■ 合成：选择该选项后，After Effects 会把 Photoshop 文件作为一个合成进行导入，Photoshop 文件中的每个图层都会转换成合成中的一个图层。当你打算为 Photoshop 文件中的各个图层分别制作动画时，请选择该选项。

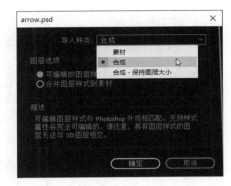

图 2.4　选择 Photoshop 文件的导入种类

■ 合成 - 保持图层大小：选择该选项后，转换后的图层大小与其在 Photoshop 文件中的大小一致，与转换后的合成大小无关。当你希望保留每个图层的锚点（旋转与缩放的参考点）时，请选择该选项。

4．单击【导入】或【打开】按钮。此时，弹出另外一个对话框，询问你想怎样处理 Photoshop 文件中的图层样式（如投影等）。本课中使用的 Photoshop 文件未包含图层样式，所以选择【可编辑的图层样式】选项即可。

图 2.5　选择从 Photoshop 文件导入指定图层

5．在【导入种类】下拉列表框中，选择一种导入类型，然后在【图层选项】下选择一个选项。如果你选择把 Photoshop 文件作为单个素材导入，可以选择【合并的图层】选项或【选择图层】选项；如果选择【选择图层】选项，你可以自行指定要导入的图层，以及如何处理图层样式（图 2.5）。

你可以在 After Effects 中编辑 Photoshop 图层样式，在【导入种类】下拉列表框中，选择【合成】选项，然后选择【可编辑的图层样式】选项，如果你不想编辑图层样式，则可以选择【合并图层样式到素材】选项，这可以加快帧渲染的速度，但是有可能会导致图层外观发生轻微的改变。

6．单击【确定】按钮。

此时，在项目面板中，你会看到以合成或单个素材形式导入的 Photoshop 文件。

图 2.6 Illustrator 文档图标表示这些 After Effects 图层都由 Illustrator 图层转换而来

为 Illustrator 文件设置导入选项

　　导入包含多个图层的 Illustrator 文件时，你会看到许多与导入 Photoshop 文件一样的选项。你可以选择以合成或素材形式导入 Illustrator 文件，当选择以素材形式导入时，你可以选择导入所有图层还是指定图层。

　　当以合成形式导入包含多个图层的 Illustrator 文件之后，你会在项目面板中看到一个以 Illustrator 文件名为前缀的文件夹，其中包含 Illustrator 文件的所有图层（图 2.6）。在项目面板中，你可以很轻松地认出这些 Illustrator 文件中的图层，因为这些图层名称左侧都会有一个 Illustrator 文档图标。

2.3　认识项目面板

★ ACA 考试目标 2.2

　　学习第 1 章内容时，我们为你提供了一个现成的 After Effects 项目文件——Baxter Barn Animation.aep，其中用到的素材都已经导入项目之中。整个学习过程中，我们主要使用了合成面板和时间轴面板这两个面板。在第 1 章中我们还提到，After Effects 主要有 3 个面板，第三个面板就是项目面板。新建 After Effects 项目时，我们会用到项目面板。接下来，就让我们一起认识一下它。

提示

显示项目面板的快捷键为 Ctrl+0（Windows）或 Command+0（macOS）。

　　与其他面板一样，若项目面板是隐藏的，你只能看到其选项卡。你可以单击项目面板选项卡，将其显示出来。如果连选项卡也看不见，请从菜单栏中依次选择【窗口】>【项目】命令，打开项目面板。

　　如你所见，项目面板的主要用途是把项目中用到的素材列出来。你导入项目中的所有素材（如视频剪辑、静态图像、音频）都会显示在项目面板中。另外，你在 After Effects 中创建的对象也会出现在项目面板中，如合成、纯色图层、调整图层等。

　　默认状态下，项目面板占用的屏幕空间相对较小，显示的信息不多。如果你想在项目面板中看到更多信息，可以向右拖动面板右边缘，以增加面板宽度（图 2.7）。

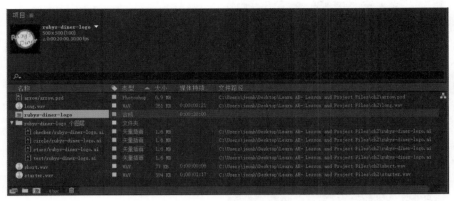

图 2.7　增加项目面板
宽度可显示更多信息

2.3.1　把素材放入项目面板中的文件夹

项目越大，素材组织的重要性越凸显。如果你创建的合成用到了大
量素材，并且交付时间迫在眉睫，那你肯定不想把时间浪费在查找素材、
图形、音频上。因此，请一定不要把所有素材一股脑地全部放入项目面
板中，而应该分门别类地把它们放入相应文件夹之中。在项目面板中，
你可以根据素材类型来创建不同文件夹，本课我们会这样做。而在另外
一些项目中，根据场景、主题组织素材效率可能会更高。

在项目面板中创建文件夹的步骤如下。

1．在项目面板底部，单击【新建文件夹】按钮。

2．在项目面板中新建一个文件夹，并使文件夹名称处于可编辑状
态，输入新名称，按 Enter（Windows）或 Return（macOS）键。

在项目面板中，组织素材文件时，你可以直接把各种素材拖入相应
文件夹中，这与你在计算机的桌面上组织文件的方式一样。

请注意，你在项目面板中创建的文件夹仅对当前项目有效。在另外
一个项目中，你可以把同样的素材放到其他文件夹中，并且两个项目中
的项目面板文件夹可能与桌面文件夹中的素材组织方式不同。

我们根据导入文件的类型（如音频文件、视频素材、合成等）把它们
组织到不同文件夹中（图 2.8）。

★ ACA 考试目标 2.4

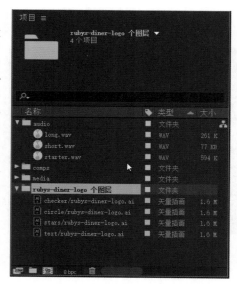

图 2.8 在项目面板中把素材组织到不同文件夹中

2.3.2 项目面板底部按钮

与其他面板一样，项目面板底部也有一排按钮和指示器（图 2.9）。

- 解释素材：这个功能我们现在还用不到，它是一个高级功能，当你想改变 After Effects 处理素材的方式同时又不想做转换时，可以使用它。例如，你以每秒 240 帧的帧速率拍摄了一段高速视频，在 After Effects 中，你可以使用【解释素材】按钮让 After Effects 以每秒 24 帧的帧速率读取它，这样你看到的是一段慢动作视频。

新建文件夹

解释素材

图 2.9 项目面板底部的控件

新建合成　删除所选项目项

项目设置

- 新建文件夹：这个功能我们前面已经用过了，它用来在项目面板中创建文件夹，方便组织项目素材。
- 新建合成：这个按钮的功能与【合成】>【新建合成】菜单命令一样，是一种更快捷的合成创建方式。
- 项目设置：这个按钮的功能与【文件】>【项目设置】菜单命令一样，单击该按钮可以快速打开【项目设置】对话框。默认显示的是所选项目的位深。
- 删除所选项目项：单击该按钮，将删除你在项目面板中选中的项。如果你选的是素材，单击该按钮，将只把所选素材从当前项目中删除，并不会把素材从硬盘上删除。

2.3.3　设置项目面板中显示的列

在项目面板右下角有一个水平滚动条，拖动它可以左右移动面板，从而把更多列显示出来，类似于计算机中处在列表视图下的文件夹窗口。借助列，你可以快速查看各个项目项的详细信息。例如，通过【类型】列，你可以知道各个项目项的类型，如 Photoshop 文件、WAV 音频文件、After Effects 合成等。

默认状态下，项目面板中只显示 5 列信息，你可以通过设置显示更多信息。要指定显示哪些列，先打开项目面板菜单，然后从【列数】子菜单中，指定要显示的列（图 2.10）。

提示

控制显示哪些列时，除了使用项目面板菜单外，还有一种更快捷的方式：使用鼠标右键（Windows）或者按住 Ctrl 键（macOS），单击某个列名，在弹出菜单中，你会看到【隐藏此项】和【列数】两个子菜单，在【列数】子菜单中，可以具体指定要显示或隐藏哪些列。

图 2.10　指定显示哪些列

2.4 新建合成

★ ACA 考试目标 2.1

在 After Effects 中，项目和合成是不一样的，记住这一点很重要。你新建了一个项目，然后把项目素材导入其中，但是组合素材时，你必须把它们放到一个合成中，为此我们必须新建一个合成才行。

新建合成步骤如下。

1. 执行如下步骤之一。

- 从菜单栏中依次选择【合成】>【新建合成】命令。
- 在项目面板底部，单击【新建合成】按钮。

2. 在【合成设置】对话框（图 2.11）中，为合成设置相应参数，单击【确定】按钮。

> **提示**
>
> 【新建合成】命令的快捷键是 Ctrl+N（Windows）或 Command+（macOS）。

在第 1 章中提到过，【合成设置】对话框中有 3 个选项卡。【合成设置】对话框中的设置非常多，但是需要修改的通常只有几个。

许多合成只需要修改【基本】选项卡中的设置。在【基本】选项卡中，大多数情况下，你只需要从【预设】下拉列表框中选择一个最适合你需求的预设即可。

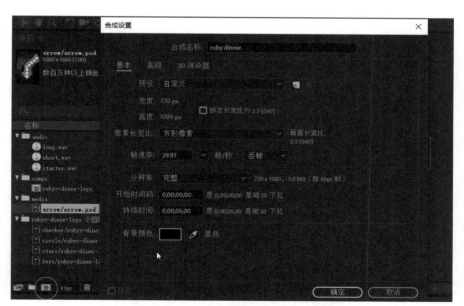

图 2.11 在【合成设置】对话框中进行设置

对于一些常用的电视与影片格式，你都可以在【预设】下拉列表框中找到相应的预设。但是本课视频是为手机 App 制作的（竖屏设计），【预设】下拉列表框中没有合适的预设供我们使用。因此，我们必须手动把合成的帧大小设置为 720px×1080px，以适应 16 ∶ 9 的屏幕长宽比。

其他大部分合成设置保持原样即可。除了帧大小之外，其他设置与标准 HD 视频一样：方形像素、29.97 帧 / 秒、丢帧。

在【帧速率】下方的诸多选项中，【持续时间】选项是需要设置的，这里设置成 5 秒（0:00:05:00）。第 1 章中我们提到过，【分辨率】选项仅在预览视频的时候起作用，除了在【合成设置】对话框中设置【分辨率】选项之外，你还可以在合成窗口中修改它。【开始时间码】选项指分配给合成第一个帧的时间码。【背景颜色】选项不会影响最终输出。【持续时间】选项决定时间轴面板中显示的时间长度，因此，我们必须为要制作的动画指定足够长的持续时间。

提示

【合成设置】对话框中的预设有很多。现在做视频项目的时候，大多数情况下，你只要从以 HDTV 或 UHD 开头的预设中选择一个即可。其他许多预设（如以 NTSC、DV 或 HDV 开头的那些）针对的都是那些旧的或很少使用的视频格式。

2.5　向合成添加素材

创建合成之后，打开它，在合成面板中显示的是合成的当前帧，在时间轴面板中显示的是合成的时间轴。接下来，我们就可以向合成中添加素材了。

★ ACA 考试目标 4.1

向合成中添加一个素材后，该素材会成为合成中的一个图层。你可以在合成面板中看到图层内容，同时图层也会显示在时间轴面板中。

向合成中添加素材时，你可以把素材从项目面板拖入合成面板或时间轴面板中，它们之间有一个重要区别，如下（图 2.12）。

- 把素材拖入合成面板后，After Effects 会把新图层放到你释放鼠标的位置。
- 把素材拖入时间轴面板后，After Effects 会把新图层放到合成窗口的中央。

你可以根据实际要求，从上面两种方法中选择一种使用。如果你想把素材放到指定的位置，请选择第一种方法；如果你想把素材放到合成窗口的中央，请选择第二种方法。

提示

在向合成中添加素材时，若素材尚未导入项目中（即不在项目面板中），你可以直接把素材从其所在的文件夹拖入 After Effects 的合成面板或时间轴面板中，此时，After Effects 在把素材添加到合成的同时会自动把素材添加到项目面板中。

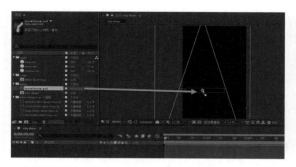 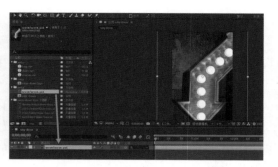

把素材拖入合成面板后，After Effects 会把新图层放到你
释放鼠标的位置。

把素材拖入时间轴面板后，After Effects 会把新图层放到
合成窗口的中央。

图 2.12　控制图层在合成中的位置

媒体浏览器面板

　　多次导入素材时，如果你不想一次次地使用【导入】命令，
那可以使用 After Effects 提供的媒体浏览器面板（图 2.13）。借助
于媒体浏览器面板，你可以浏览计算机中的文件，以及连接到计
算机的各种设备中的文件，包括网络存储设备、存储卡。在媒体
浏览器面板中找到要导入的素材后，把它拖入项目文件夹中即可
完成导入。

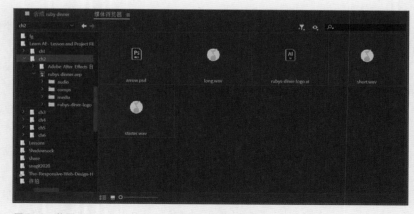

图 2.13　使用 After Effects 中的【媒体浏览器】面板浏览文件

无论你是否使用媒体浏览器面板，在把素材导入项目之前，一定要先把素材复制到编辑项目时 After Effects 可访问的存储位置上。媒体浏览器面板和项目面板有一个关键区别：媒体浏览器面板中显示的内容不一定被导入了项目中，而项目面板中显示的内容一定被导入了项目中。

　　不管采用何种方式导入素材，你都要在项目中好好地组织素材。请参考第 1 章中"管理视频制作文件"部分的内容。例如，当一个团队成员要查找一个音频文件时，他应该能够在音频文件夹中轻松找到它，请不要把不同类型的文件放在一个文件夹中。要养成良好的素材组织习惯，这样做不仅有助于现在查找所需素材，也有助于将来查找所需素材。

2.6　调整图层大小

调整图层大小的方法不止一种。

★ ACA 考试目标 4.7

通过拖动调整图层大小的步骤如下。

1. 选择图层（当把素材添加到合成窗口后，默认素材图层就处于选中状态）。

2. 在合成面板中，按住 Shift 键，拖动所选图层周围的控制点（图 2.14）。

通过输入数值调整图层大小的步骤如下。

1. 在时间轴面板中，把所选图层的【缩放】属性显示出来。只要选中要调整的图层，然后按 S 键即可。

2. 然后输入新值，或者左右拖动数字来修改缩放值（图 2.15）。

把所选图层缩放到合成的帧大小的方法如下。

- 从菜单栏中依次选择【图层】>【变换】>【适合复合】/适合复合宽度 / 适合复合高度】命令。

> **提示**
>
> 使用鼠标右键（Windows）或按住 Ctrl 键（macOS）单击图层，在弹出菜单的【变换】子菜单中，可以选择【适合复合】【适合复合宽度】【适合复合高度】命令。

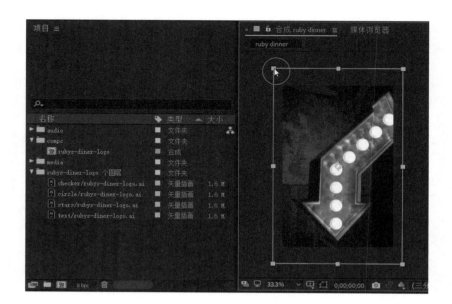

图 2.14 拖动控制点
调整图层大小

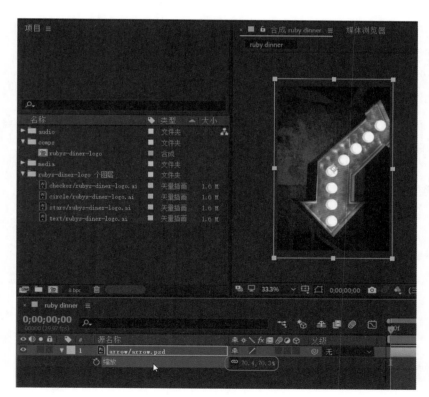

图 2.15 编辑图层的
【缩放】属性

2.7 创建纯色图层

纯色图层是指带有某种颜色的平面。我们什么时候需要用到它呢？其实，纯色图层是一种通用图层，可以帮助你解决各种问题。纯色图层最常见的用法是用作背景，它也可以用作渲染某个效果的基础。例如，想渲染镜头光晕效果，此时，你需要先创建一个纯色图层，然后应用镜头光晕效果，再进行渲染。

★ ACA 考试目标 4.1

创建纯色图层步骤如下。

1. 激活合成面板或时间轴面板。注意，你只能在合成面板中创建纯色图层，在项目面板中无法创建。

2. 从菜单栏中依次选择【图层】>【新建】>【纯色】命令。

3. 在【纯色设置】对话框（图 2.16）中，设置相应选项。这里，我们把背景颜色设置为黑色。

提示

显示项目面板的快捷键是 Ctrl+0（Windows）或 Command+0（macOS）。

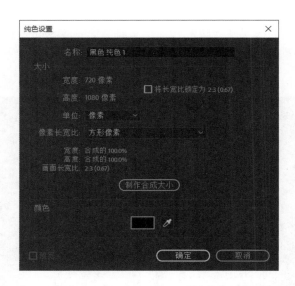

图 2.16 【纯色设置】对话框

通常，在【纯色设置】对话框中需要设置【宽度】【高度】【颜色】选项，一般不需要设置【像素长宽比】选项。

4. 单击【确定】按钮。

此时，After Effects 会自动把创建出的纯色图层保存到项目面板中一个名为【Solids】的文件夹中。

2.8 向图层应用效果

★ ACA 考试目标 4.4

★ ACA 考试目标 4.6

向图层添加效果（Effects）是最常见的图层操作之一，所以在 After Effects 的软件名称中出现"effects"这个词就不足为奇了。在 After Effects 中，熟悉添加和编辑效果的流程很重要。

向纯色图层添加镜头光晕效果，步骤如下。

1. 从菜单栏中依次选择【窗口】>【效果和预设】命令，打开效果和预设面板。

2. 执行如下步骤之一，查找想使用的效果。

■ 在效果和预设面板中，依次展开各类效果，直到找到你想要的效果。

■ 如果你记得效果名称的一部分，在效果和预设面板顶部的搜索文本框中输入它的名称，然后按 Enter（Windows）或 Return（macOS）键。

3. 把找到的效果从效果和预设面板拖入合成面板或时间轴面板中的图层之上（图 2.17）。

效果属性显示在效果控件面板中　　　　　　　　　　　　　　　　　效果和预设面板中列出了各种效果

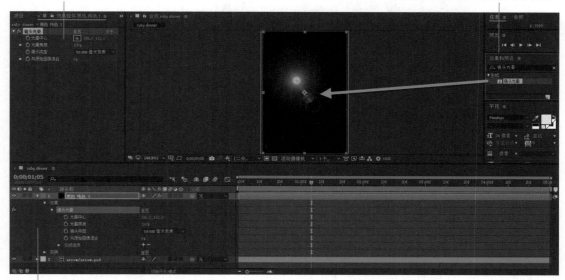

时间轴面板中也列出了效果属性

图 2.17　向图层添加效果

当你把某个效果拖动到图层上时，After Effects 会自动打开效果控件面板，显示出所选效果的各个控制项。如果把多个效果应用到同一个图层上，你会看到这些效果按先后顺序堆叠在效果控件面板中。单击效果名称左侧的箭头，将其展开，你会看到效果的各个属性。

执行如下步骤编辑效果。

1．选择应用有待编辑效果的图层。

2．在效果控件面板中，单击效果名称左侧的箭头，将其展开，显示效果属性。

3．编辑效果属性，方法与在时间轴面板中编辑图层属性是一样的。

在 After Effects 中使用一个效果的标准流程：从效果和预设面板中把效果拖动到某个图层应用它，然后在效果控件面板中编辑它。

仔细观察，你会发现有些效果属性的左侧有一个秒表图标，这个图标与你在时间轴面板中看到的秒表是一样的，表示你可以为这个属性制作动画。事实上，当你应用了某个效果之后，该效果的属性会同时显示在效果控件面板和时间轴面板中。

以【镜头光晕】效果为例，将其应用到【黑色 纯色 1】图层之后，在时间轴面板中，单击【黑色 纯色 1】图层左侧的箭头图标，你会看到【效果】属性组；单击【效果】左侧箭头，你会看到【镜头光晕】属性组；单击【镜头光晕】左侧箭头，你会看到【镜头光晕】的各个属性。编辑效果时，你可以在效果控件面板中进行，也可以在时间轴面板中进行。

前面提到过，在 After Effects 中，大部分工作都是在项目面板、合成面板、时间轴面板三大面板中开展的。如果你的项目中会用到很多效果，那么在项目处理过程中，你会用到五大面板：项目面板、合成面板、时间轴面板、效果和预设面板、效果控件面板。

2.9 应用混合模式

★ ACA 考试目标 3.2

许多图形与视频应用程序都会提供多种混合模式，当然 After Effects 也不例外。混合模式指的是把一个图层的像素颜色与其下其他图层的像素颜色进行混合的方法。新建图层时，默认是【正常】混合模式，这意味着在上下两个图层中，在不调整【不透明度】选项，并且不是蒙版的状态下，你只能看到上方图层。

如果两个图层有不同颜色，在应用不同混合模式后，最终结果或变亮、或变暗、或对比度增强了，或者饱和度有增减。

这里，我们会向【黑色 纯色 1】图层应用【屏幕】模式。应用【屏幕】模式后，图层中的黑色会被过滤掉，只有更亮的部分会影响到下方图层，当我们应用一个类似光照的效果时，可以使用这种模式。

更改图层混合模式步骤如下。

1．在时间轴面板底部，单击【切换开关 / 模式】按钮，此时，会打开【模式】列，原来的一系列图层开关不见了。

2．从【模式】下拉列表框中，选择一种要应用的模式（图 2.18）。对于应用了【镜头光晕】效果的纯色图层，我们选择【屏幕】模式，过滤掉图层中的黑色部分。

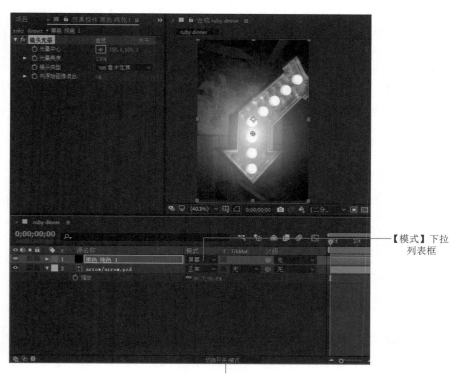

【模式】下拉列表框

图 2.18　更改图层的混合模式

【切换开关 / 模式】按钮

掌握所有混合模式的功能，以及正确选出所需要的混合模式并非易事，每种混合模式背后都对应着一系列复杂的数学运算，这不是一两句话就能说明白的。但是你最好记住各种混合模式所属的类别分组以及各个分组的大致功能，这样当你想要某种效果时，就大致知道要使用哪个分组中的模式，然后再去尝试分组中的每种模式。

【After Effects 帮助】中详细讲解了每个模式组及每种模式的功能，你可以参考学习。

提示

浏览混合模式的快捷键是 Shift+- 或 Shift+=，前一组快捷键用来向前翻，后一组快捷键用来向后翻。请注意，使用快捷键时，一定要用主键盘上的按键，不要用数字小键盘。

2.10　使用形状工具绘制蒙版

我们添加的镜头光晕有点大，其实只要它比标牌上的圆灯稍大一点就行。有多种方法可以把光晕限制到一个圆形区域中，例如，我们可以通过绘制圆形蒙版来实现，圆形蒙版以内的区域会显示出来，而圆形蒙版之外的区域会隐藏起来。

绘制圆形蒙版步骤如下。

1. 选择要应用蒙版的图层，这里是【黑色 纯色 1】图层。

2. 从工具栏中选择【椭圆工具】 。若找不到椭圆工具，请先把鼠标指针放到【矩形工具】上，然后按住鼠标左键，在打开的工具组中选择【椭圆工具】（图 2.19）。

提示

许多效果都有混合模式这个属性。借助这个属性，你可以进一步控制效果的显示方式，并且与应用到图层的混合模式无关。

★ ACA 考试目标 3.2

图 2.19　选择【椭圆工具】

3. 在合成窗口中按住 Shift 键，在镜头光晕上拖动（图 2.20）绘制圆形蒙版。如果光晕不在圆形中央，在按住鼠标左键的状态下，再按住空格键，拖动圆形蒙版，使光晕处于圆形蒙版中央。

请注意，在使用形状工具绘制蒙版之前，请先选择一个要遮罩的图层。在没有任何图层处于选中的状态下，使用形状工具绘制将会新建一个形状图层。在有图层处于选中的状态下，使用形状工具拖动将为所选图层创建一个蒙版。所以，如果你想使用形状工具绘制蒙版，绘制之前，请一定先选择要遮罩的图层。

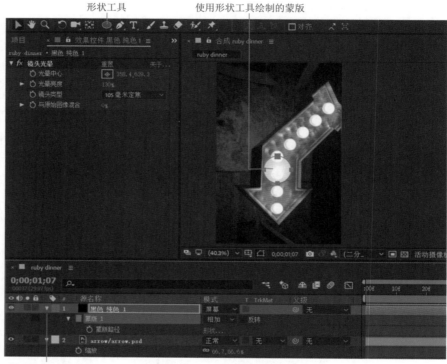

图 2.20　绘制蒙版

默认情况下，蒙版的边缘是硬边。通过调整【蒙版羽化】值，可以柔化蒙版边缘。

4．展开【黑色 纯色 1】图层下的【蒙版】属性组，展开【蒙版 1】（刚刚绘制的蒙版）下的属性，增加【蒙版羽化】值，直到蒙版看上去就像一盏发光的灯。

5．在【黑色 纯色 1】图层仍处于选中的状态下，使用【选取工具】，在合成面板中，把【黑色 纯色 1】放到箭头顶部（图 2.21）。

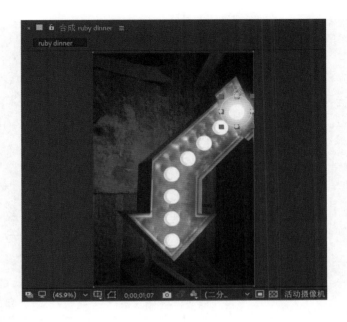

图 2.21 把【黑色 纯色 1】图层放到第一盏灯上

2.11 制作灯光动画

★ ACA 考试目标 4.7

红宝石餐馆的一大特色是闪烁着灯光的箭头标志牌。前面我们已经学习了许多知识和技术，综合运用这些知识和技术，你就可以制作出闪烁着灯光的标志牌了。

需要指出的是，制作灯光闪烁动画的方法有多种，本课讲解的方法只是其中一种，并不是唯一的。同一个结果可以使用多个方法实现，正所谓"条条大路通罗马"。例如，你可以先绘制一个白色圆形，然后通过羽化边缘来模拟发光的灯泡。你可以选用任意一种方法来创建发光灯泡，只要你能得到想要的效果，并且制作过程不过于复杂就好。

本课中，创建灯光时，我们先向【黑色 纯色 1】图层应用镜头光晕效果，再使用圆形蒙版指定显示的范围，然后通过调整图层的不透明度来制作动画。

操作步骤如下。

1. 选中【黑色 纯色 1】图层，打开【不透明度】属性。添加两个关键帧，使【不透明度】值从 0% 变为 100%（图 2.22）。参考第 1 章中学过的内容，你还可以向关键帧添加缓动效果。

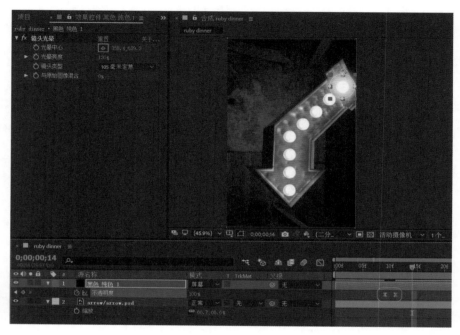

图 2.22 添加两个关键帧,使【镜头光晕】图层的【不透明度】从 0% 变为 100%

2．预览动画,检查灯光闪烁效果是否合适。若不合适,拖动第二个关键帧,使其靠近或远离第一个关键帧,调整灯光闪烁时间的长短。

接下来,我们会复制灯光图层(【黑色 纯色 1】图层)。在此之前,请你先把图层名称改成一个有意义的名字。

提示

【重复】命令对应的快捷键是 Ctrl+D(Windows)或 Command+D(macOS)。

3．在时间轴面板中,在【黑色 纯色 1】图层处于选中的状态下,按 Enter(Windows)或 Return(macOS)键,将其重命名为【light】。

4．在【light】图层处于选中的状态下,从菜单栏中依次选择【编辑】>【重复】命令。

5．在合成面板中,使用【选取工具】,把复制出的图层移动到标志牌中的下一个灯位上(图 2.23)。

6．在时间轴面板中,把复制出的灯光图层(【light 2】图层)略微向右拖动,使第二盏灯在第一盏灯完全亮起之后再开始点亮(图 2.24)。

7．预览动画,检查两盏灯点亮的时机是否合适。若不合适,请自行调整。

8．重复第 4 ～第 6 步,使得标志牌上的每一个灯位都有灯光效果,而且一定要确保每个灯光都向右偏移相同的帧数(图 2.25)。

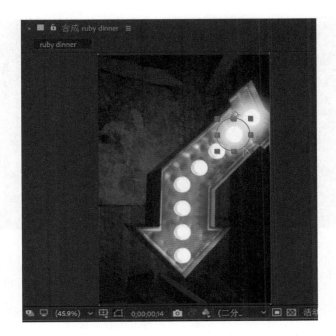

图 2.23　移动复制出的灯光图层

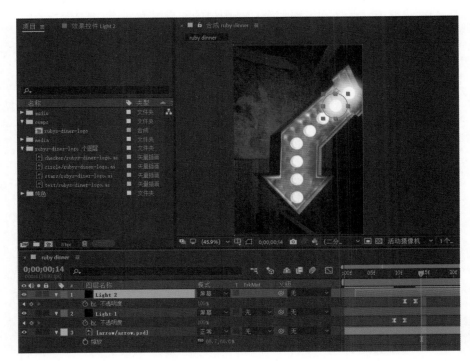

图 2.24　复制灯光图层并将其向右拖动

图 2.25　播放动画并检查每盏灯的点亮时机与位置

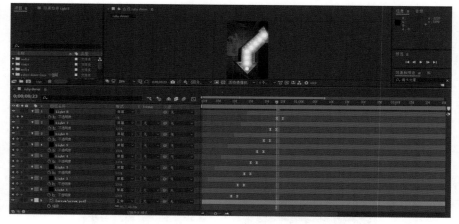

★ ACA 考试目标 4.3

提示

使用键盘按键移动当前时间指示器时，请不要像在其他软件中那样直接使用左箭头或右箭头键。在 After Effects 中，按箭头键会移动当前图层的位置。按快捷键 Ctrl+ 左箭头（Windows）或 Command+ 左箭头（macOS），逐帧向前移动；按快捷键 Ctrl+ 右箭头（Windows）或 Command+ 右箭头（macOS），逐帧向后移动。

2.11.1　制作关灯动画

我们要制作的灯光动画效果是灯光先依次亮起，然后依次熄灭。前面亮灯动画已经制作好了，接下来，我们制作关灯动画。制作关灯动画的一种快捷方法是依次调整每个灯光图层的结束时间，让它们依次熄灭。

操作步骤如下。

1. 选中一个灯光图层（【light 8】图层）。

2. 把当前时间指示器移动到灯光熄灭的位置。

3. 把图层的结束时间修剪到灯泡熄灭的时间点。你可以向左拖动图层右端，也可以使用快捷键 Alt+]（Windows）或 Option+]（macOS）把所选图层的出点设置为当前时间（图 2.26）。

图 2.26　修剪图层

4. 重复步骤 2 与 3，修剪所有灯光图层，使标志牌上的灯光自下而上依次熄灭（图 2.27）。

图 2.27 修剪所有图层

2.11.2 对所有灯光图层进行预合成

第 1 章中我们提到，复杂合成是在简单合成基础上构建出来的。把一个合成放入另外一个合成中，这个过程我们称为"合成的嵌套"。

★ ACA 考试目标 3.1

理想情况下，在开始创建合成之前，你就应该规划好合成的结构，搞清动画的哪些部分应该形成一个合成，并放入另外一个更大的合成之中。但是，有时我们无法事先做出这样的规划，只有在实际制作的过程中，你才知道应该把动画的哪部分放入一个合成中更方便管理。

在 After Effects 中，我们可以很容易地选择一个或多个图层，并把它们转换成一个合成，这个过程称为"预合成"。进行预合成时，你选中的图层会被放入一个合成之中。许多情况下，做预合成都不会改变合成的外观。但有时，借助预合成，你可以为合成指定一个想要的外观。

接下来，我们会把所有灯光图层预合成到一个名为 Lights combo 的新合成中，这里我们进行预合成主要出于组织图层的需要。预合成之后，所有灯光图层被放入一个合成中，这个合成又位于 ruby diner 合成中，经过这样组织之后，整个时间轴面板看上去非常简洁。

预合成步骤如下。

1. 在时间轴面板中，选择想要预合成的所有图层。这里是指所有灯光图层。

2. 在菜单栏中依次选择【图层】>【预合成】命令。

3. 在【预合成】对话框中，设置相应选项，单击【确定】按钮（图 2.28）。

■ 新合成名称：这与在项目面板中为合成命名一样。这里，我们将其命名为

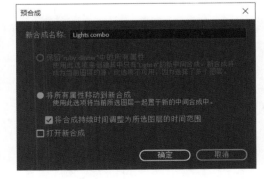

图 2.28 【预合成】对话框

【Lights combo】。

- 保留合成中的所有属性：只有当你选择了一个合成时，该选项才可用。选择该选项后，你对图层的所有编辑都会应用到代替它的合成上。
- 将所有属性移动到新合成：选择该选项后，所选图层上的所有属性会随着图层一起移动到新合成中。
- 将合成持续时间调整为所选图层的时间范围：若所选图层的持续时间与合成不一样，After Effects 会把合成的持续时间调整为所选图层的时间范围。
- 打开新合成：预合成之后，After Effects 会把合成打开。如果你想在创建好之后立即编辑新合成，请勾选该复选框。

此时，你会在时间轴面板中看到一个名为 Lights combo 的新合成，其中包含着我们选择的所有灯光图层。

2.11.3 使用嵌套合成

由预合成创建出的嵌套合成与其他普通合成工作方式一样。与其他合成一样，你可以双击打开它，对它进行编辑。在合成面板和时间轴面板中，嵌套合成以选项卡形式存在，其中包含着你选中的所有图层。

执行预合成操作会生成新合成，After Effects 会把新合成添加到项目面板中，并且与其所在的合成是平级的（即在同一个文件夹中）。

你可以把灯光动画播放两次，而且不必重新创建或复制整个动画。为此，你只需要把 Lights combo 从项目面板拖入 ruby diner 合成中即可，这样 After Effects 会为嵌套合成创建另外一个实例。通过添加合成的多个实例，可以重复制作动画，这会大大节省你的时间和精力。当你修改 Lights combo 中的动画时，你所做的修改会同步更新到它的所有实例中。

2.12 添加文本

当向合成中添加文本后，文本会变成合成中的一个图层。在 After Effects 中，你可以使用不同于其他大多数程序的方式来处理文本。例如，你可以为文本的位置、颜色、大小、字间距等文本属性制作动画。

★ ACA 考试目标 4.2

After Effects 中有以下 3 种类型的文本（图 2.29）。

  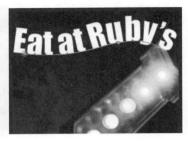

点文本   段落文本   路径文本

图 2.29 可以向合成中添加的 3 种类型的文本

- 点文本：选择【横排文字工具】 T ，在合成面板中单击，会出现一个跳动的光标，此时你可以输入文本，随着输入文本的增多，文本行会逐渐变长。如果段落是居中对齐的，文本行会从文本图层的中间开始增长。

- 段落文本：选择【横排文字工具】，在合成面板中拖动会产生一个矩形文本区域，你可以在其中输入文本。

- 路径文本：这种文本会附着在你绘制的线条上，例如你使用【钢笔工具】绘制的线条，相关内容将在第 3 章中学习。

这里，我们向合成中添加点文本。

添加步骤如下。

1. 选择【横排文字工具】，在合成面板中，把光标移动到文本的起始位置。

2. 输入你想添加的文本（图 2.30）。

文本参考点

图 2.30 添加点文本

执行如下操作之一，选择要格式化的文本（图 2.31）。

- 若格式化文本图层上的所有文本，请使用【横排文字工具】拖动选择所有文本，或者切换为【选取工具】，然后选中整个文本图层。
- 若只想格式化部分文本，请使用【横排文字工具】拖动选中要格式化的文本。

编辑文本图层上的文本，步骤如下。

1. 在合成面板中，执行如下操作之一。

- 使用【横排文字工具】，选中文本，或者在文本插入点处单击。
- 使用【选取工具】，双击文本图层，选中所有图层文本。

2. 根据需要，编辑文本（图 2.31）。

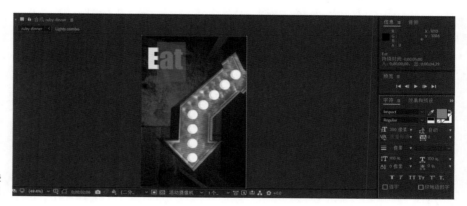

图 2.31　格式化某些文本之前，先选中它们

2.12.1　字符面板

在字符面板中，你可以编辑文本格式，例如，你可以为文本指定不同的字体、颜色等。

你可以使用如下选项调整文本格式（图 2.32）。

- 字体：设置字体系列（如 Arial）和字体样式（如 Bold）。
- 颜色：为所选字符设置填充颜色和描边颜色。
- 描边：向文本字符添加描边，你可以控制描边宽度以及与填充的组合方式。
- 大小：设置字体大小，单位是像素。

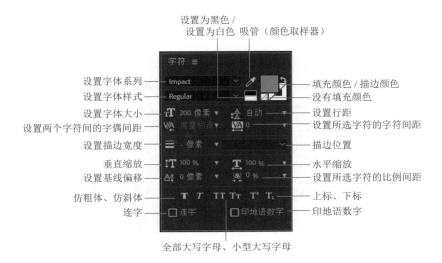

设置为黑色 /
设置为白色 吸管（颜色取样器）

设置字体系列 —— Impact

设置字体样式 —— Regular

设置字体大小 —— 200 像素 ▾

设置两个字符间的字偶间距 —— 度量标准 ▾

设置描边宽度 —— 像素 ▾

垂直缩放 —— 100 %

设置基线偏移 —— 0 像素

仿粗体、仿斜体 ——

连字 —— 连字

全部大写字母、小型大写字母

填充颜色 / 描边颜色

没有填充颜色

设置行距 —— 自动

设置所选字符的字符间距 —— 0

描边位置

水平缩放 —— 100 %

设置所选字符的比例间距 —— 0 %

上标、下标

印地语数字

图 2.32　字符面板

- 间距：【设置行距】控制行间距；【设置所选字符的字符间距】控制字符之间的距离；【设置两个字符间的字偶间距】控制两个字符之间的间距；【设置所选字符的比例间距】控制字符周围间距。

- 缩放：你可以沿水平方向或垂直方向对所选字符进行缩放，这与缩放整个文本图层是不一样的。

- 位置：你可以使用【设置基线偏移】让所选字符高于或低于其他字符。

- 大小写：【全部大写字母】把所有字母变成大写，【小型大写字母】将大写字母作为小型显示。

- 仿字体样式：如果你想要某种字体的粗体或斜体样式，但是字体本身并未提供，此时你就可以使用【仿粗体】或【仿斜体】来模拟粗体或斜体样式。虽然比不上真正的粗体或斜体效果，但还是不错的。

- 连字：有些字符对（比如 th 或 fl）可以用一个表示两个字符的单字符来代替，印刷中这种做法由来已久。勾选【连字】复选框后，After Effects 会自动替换所用字体中的连字。

- 印地语数字：使用印地语字体输入文本时，勾选该复选框后，你可以使用印地语数字来代替阿拉伯数字。

2.12.2 段落面板

段落面板中包含的选项只用来控制文本段落的样式，与你选择的字符无关。输入一些文本之后，当你按 Enter（Windows）或 Return（macOS）键时，就会产生一个段落。

你可以使用如下选项控制段落样式（图 2.33）。

- 对齐方式：控制段落文本行对齐到文本图层的哪个位置，包括【左对齐】【居中对齐】【右对齐】3 个选项。
- 两端对齐：两端对齐时，文本行会占满文本框的整个宽度，当字符不满一行时，After Effects 会自动在字符之间添加空格。一般来说，段落的最后一行会比其他行短，选择不同的两端对齐方式，段落最后一行的对齐方式也不同。
- 添加空格：你可以在段前添加空格，也可以在段后添加空格，使文本更容易阅读。
- 缩进方式：【缩进左边距】和【缩进右边距】指从文本图层的左边缘或右边缘向内缩进文本。
- 首行缩进：段落面板中，还有一个【首行缩进】选项，有些样式标准只对段落的首行进行缩进。
- 阅读方向：你可以把文本阅读方向设置为从左到右或从右到左，这一般取决于段落文本中用的是哪种语言。

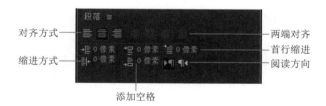

图 2.33 【段落】面板

2.12.3 对齐图层

★ ACA 考试目标 2.3

通常，我们都会选择在一个文本图层上输入一个句子，如 "Eat at Ruby's"。在本章中，我们把 3 个单词放在了不同的图层上，这样我们就可以分别为 3 个单词制作动画了。但是这些单词仍然需要组成一个完整的句子，因此精确对齐它们就显得尤为重要。After Effects 为我们提供了多种对齐方式，这些对齐方式不仅可以用来对齐文本图层，还可以用来对齐任意类型的图层。

具体选择哪种对齐方式取决于你使用什么作为对齐参考。如果你想轻松、精确地对齐图层，请选择如下方式（图 2.34）。

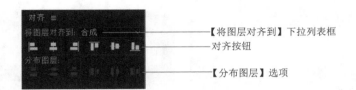

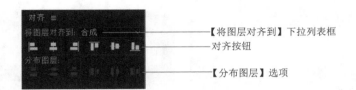 右侧标注：
- 【将图层对齐到】下拉列表框
- 对齐按钮
- 【分布图层】选项

图 2.34　对齐面板

- 对齐到合成帧：通过对齐面板，你可以把所选图层水平或垂直对齐到合成的中心或任意一个边缘。在单击对齐按钮之前，请把【将图层对齐到】设置为【合成】。

- 对齐到其他图层：如果某个图层已经在正确的位置上，那你可以使用对齐面板将其他图层与它对齐。选择两个图层，把【将图层对齐到】设置为【选区】，然后单击对齐按钮。

- 对齐到网格：第 1 章中我们学习了有关网格显示选项和首选项的内容。在菜单栏中依次选择【视图】>【对齐到网格】命令，拖动图层时，图层会自动对齐到网格上。

- 对齐到任意位置：如果你知道目标位置的准确坐标，那你可以在时间轴面板中直接把图层的位置属性设置为指定的坐标。如果你想让几个图层都排在那个位置上，你可以像以前学过的那样创建一个标尺参考线，这样当你把一个图层向参考线拖动时，它就会对齐到参考线。

- 微移图层：调整图层位置时，你可能更喜欢使用肉眼来观察、定位，为此，你要先选中要移动的图层，然后按键盘上的方向键即可微移图层；或者，在时间轴面板中，单击图层的一个【位置】值，然后按上下箭头键来轻微地移动位置。

假设要把你为本课创建的两个文本图层进行对齐，操作步骤如下。

1. 在时间轴面板中，选中两个文本图层。

2. 在【对齐】面板中，把【将图层对齐到】设置为【选区】。

3. 单击【水平靠左对齐】按钮（图 2.35）。

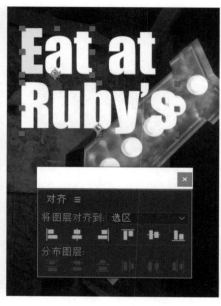

图 2.35　把两个图层左对齐

对齐面板中还包含【分布图层】选项，这些选项会在所选图层的中心或指定边缘之间生成相等的间隔。例如，你正在制作一个电影片尾字幕，其中涉及 5 个文本图层，你想要它们在不同的帧中保持相同的间隔。此时，先选中 5 个文本图层，对齐它们，然后单击【水平居中分布】按钮，把它们沿水平方向平均分布（以图层中心为基准）。

2.12.4　旋转图层

在 After Effects 中，你可以轻松地把一个文本图层旋转 90°或者其他任意角度。旋转图层时，你既可以借助肉眼判断旋转多少角度，也可以通过输入数值的方式来确定旋转的角度。

使用【旋转工具】拖动旋转的步骤如下。

1. 在工具面板中，选择【旋转工具】 。

2. 在合成面板中，使用【旋转工具】拖动你想旋转的图层（图2.36）。

图层锚点

拖动旋转控制点旋转【Ruby's】图层

图2.36　图层绕着锚点旋转

旋转图层时，图层会绕着其自身的锚点旋转。如果你想让图层绕着另外一个位置旋转，你需要把锚点移动到目标位置。相关内容我们将在本章后面讲解。

通过修改旋转角度值进行旋转的步骤如下。

1. 在时间轴面板中，选择想旋转的图层，显示出【旋转】属性（键盘快捷键是R）。

2. 使用如下方法之一，修改旋转角度，使所选图层发生旋转。

- 在【旋转】属性下，直接输入角度值。
- 使用上下箭头键修改旋转角度值。
- 把鼠标指针放到角度值上，左右拖动，修改旋转角度值。

2.13　使用运动模糊

当一段动画中应用了一些运动模糊时，我们会觉得这段动画非常真实。因为传统的24帧/秒的电影帧速率和30帧/秒的视频帧速率会让帧的持续时间变得很长，这样，一个移动的对象如果在1/30秒中移动了相

★ ACA 考试目标 4.6

★ ACA 考试目标 4.7

当长的一段距离，就应当出现运动模糊现象。

尽管合成动画的每一帧都很清晰，图像质量也非常高，但我们大脑所期望的运动模糊效果却一点也没有，所以我们会觉得合成动画很假，一点也不真实。你可以在使用自动相机（如智能手机）拍摄的视频中见到类似的效果。在光线充足的白天，使用自动相机拍摄时，这些相机会自动应用很高的快门速度，这使得物体的运动姿态很难表现出来，因为在高速快门下不会产生运动模糊效果。此时，为了产生运动模糊效果，专业拍摄人员都会在相机镜头前放置一块中灰密度镜，以减少进入相机的光线，把相机的快门速度降下来，这样才能把物体的运动模糊效果表现出来。

2.13.1 打开【运动模糊】开关

在 After Effects 中，你可以轻松地向一个动画图层应用运动模糊。在第 1 章介绍时间轴面板时，我们提到每个图层都有一个【运动模糊】开关，这个【运动模糊】开关正是用来应用运动模糊效果的（图 2.37）。

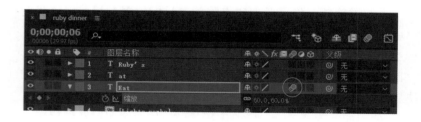

图 2.37 打开【运动模糊】开关

2.13.2 无运动模糊效果出现

尽管你可能已经打开了图层的【运动模糊】开关，但是仍然没有看到有任何运动模糊效果出现。在下面任意一种情况下，看不到运动模糊效果是正常的。

- 图层没有运动：只有发生运动时才会有运动模糊效果，如果动画图层的位置在当前帧中没有发生任何变化，那肯定不会有运动模糊效果出现。
- 合成禁用了运动模糊效果：在时间轴面板顶部有一个开关（图 2.38），

图层的【运动模糊】开关处于打开状态，但合成的【运动模糊】开关处于关闭状态

图层与合成的【运动模糊】开关都处于打开状态

图 2.38 开关合成的运动模糊开关

用来为合成中设置了【运动模糊】开关的所有图层开启或关闭运动模糊。运动模糊效果会消耗计算机大量 CPU 算力，由此可能会拖慢预览的渲染速度，使合成在播放时出现卡顿现象。关闭运动模糊后，After Effects 不会渲染运动模糊，会大大加快合成的渲染速度。当你想仔细观看合成时，你可以再把【运动模糊】开关打开，这样所有运动模糊效果就会被渲染显示出来。

2.14 文本动画制作工具

在 After Effects 中，你可以为文本图层的多个属性制作动画，包括一些文字排版属性（如字符间距、行距等）。此外，还有许多其他属性都可以制作动画效果，这些属性数量很大，根本无法把它们全部显示出来，因此，After Effects 把许多文本属性隐藏在了【动画】菜单之中，只有当你用到它们时，After Effects 才把它们显示出来。

下面我们使用文本动画制作工具为一个文本图层制作文本颜色变化的动画，步骤如下。

1. 单击文本图层左侧的箭头，展开其属性。
2. 在【文本】属性右侧有一个【动画】菜单，单击【动画】右侧的

> **提示**
>
> 请注意，预览或导出某个合成时计算机运行速度变得很慢不一定全是由渲染运动模糊造成的，渲染运动模糊只是导致计算机运行速度变慢的众多原因之一。例如，那些当前未使用的其他应用程序占用大量 CPU 算力和内存时也会导致计算机运行速度变慢，关掉这些应用程序，把更多的 CPU 算力和内存释放出来供 After Effects 使用，也会加快 After Effects 的运行速度。

★ ACA 考试目标 4.2

按钮 ，在弹出的菜单中，依次选择【填充颜色】>【RGB】命令（图 2.39）。

图 2.39　打开【动画】菜单

提示

在文本动画制作工具属性中，借助范围选择器，你可以为一系列字符的同一个属性制作动画。你可以尝试为一个属性（如填充颜色）制作动画，然后修改范围选择器的值，看看有何变化。

3．在【范围选择器 1】下，单击【填充颜色】右侧的颜色框，在弹出的【填充颜色】对话框中，选择一种颜色，然后单击【确定】按钮（图 2.40）。

图 2.40　选择一种文本填充颜色

4. 根据需要，为动画添加关键帧。把当前时间指示器拖动到动画的起始帧，单击秒表图标，添加一个关键帧，然后把当前时间指示器拖动到另外一个你想添加关键帧的地方。

5. 单击【填充颜色】右侧的颜色框，在【填充颜色】对话框中，选择另外一种颜色，单击【确定】按钮。此时，After Effects 会在当前位置添加一个关键帧，并应用新选择的颜色。

你可以从【动画】菜单中选择其他属性，并尝试为它们制作动画。而且，你还可以向同一个图层添加多个文本动画制作工具。

2.15   自定义变换

在 After Effects 中，缩放图层时，无论使用鼠标还是直接输入数值，你都可以很容易地控制图层是否按比例缩放。默认情况下，变换是从图层的中心开始的，但你可以轻松地改变起始位置。

★ ACA 考试目标 4.4

★ ACA 考试目标 4.7

2.15.1   自定义变换锚点

有时，你可能想从中心点之外的地点变换图层。在 After Effects 中，这个中心点是可以移动的，它被称为图层的"锚点"。锚点也是图层的一个属性，你不仅可以移动它，还可以为它制作动画。在移动锚点时，你既可以使用【向后平移（锚点）工具】移动它，也可以通过直接输入目标位置的坐标进行移动。

大部分图层的默认锚点位于图层的中心，但是文本图层的默认锚点位置会根据文本对齐方式（在段落面板中设置）的不同而不同。例如，当文本采用左对齐方式时，锚点位于文本的左下角，旋转文本时，文本将围绕着左下角的锚点旋转。

使用鼠标移动图层锚点的步骤如下。

1. 在工具面板中，选择【向后平移（锚点）工具】 ▦ 。

2. 把鼠标指针放到锚点上，然后拖动，即可移动锚点位置（图 2.41）。

通过输入坐标值移动图层锚点，在时间轴面板中执行如下操作步骤。

1. 把图层的【锚点】属性显示出来（快捷键是 A）。

图 2.41 把锚点从默认中点移走

注意

当移动图层的锚点时，即使图层不发生移动，图层的【位置】属性值也变化。这是因为图层的【位置】属性值是基于锚点的位置计算出来的。

2. 修改锚点的坐标值。

2.15.2 自定义图层缩放方式

控制图层缩放的方式有两种，可以用鼠标拖动图层控制点，还可以在时间轴面板中输入数值。

要使用鼠标缩放图层，在合成面板中执行如下操作之一即可。

- 按住 Shift 键，同时拖动图层的任意一个控制点，将等比例缩放图层。
- 拖动图层控制框上的任意一个控制点，可以分别调整图层的宽度和高度，即非等比例调整。

在时间轴面板中输入值来缩放图层的步骤如下。

1. 选择要缩放的图层，显示出其【缩放】属性（快捷键是 S）。

2. 执行如下操作之一。

- 若要等比例缩放，请打开【约束比例】开关。
- 若想分别调整图层的宽度和高度，请一定要关闭【约束比例】开关（图 2.42）。

3. 修改【缩放】属性值。若【约束比例】开关处于开启状态，修改其中一个值，另一个值会自动发生相应变化；若【约束比例】处于关闭状态，请分别修改【缩放】的两个值（宽度、高度）。

约束比例（关闭）　　　宽度　高度

图 2.42　在时间轴面板中修改【缩放】属性值

2.16　合成嵌套

★ ACA 考试目标 3.1

　　前面我们讲过一个预合成的例子。预合成时，After Effects 会新建一个合成，并把所有选中的图层放入其中，这样就出现了一个合成中嵌套着另外一个合成的情形。当你创建了一个合成，并且想让它成为另一个合成的一个图层时，可以使用另外一种方式来嵌套图层。

　　下面我们不用预合成的方式来嵌套合成，在这个例子中，我们会把 rubys-diner-logo 合成添加到 ruby diner 合成，使其成为 ruby diner 合成的一个图层。这种合成嵌套实现起来非常简单，只要把 rubys-diner-logo 合成直接拖动到 ruby diner 合成之中即可，就像你把一个素材添加到合成中一样简单。

　　具体操作步骤如下。

　　1. 在时间轴面板与合成面板中，确保目标合成处于打开状态。

　　2. 把要嵌套的合成从项目面板拖入在时间轴面板或合成面板中处于

图 2.43 在一个合成中嵌套另外一个合成

★ ACA 考试目标 4.1

打开状态的目标合成中（图 2.43）。拖入后，被拖入的合成就会变成目标合成的一个图层。

3. 若需要，你可以在合成面板中调整被嵌套的合成的位置，或者在时间轴面板中调整它的堆叠顺序。

嵌套合成不会造成任何不利影响。你可以随时在合成面板、时间轴面板、项目面板中双击嵌套的合成进行编辑。你对嵌套合成所做的所有更改都会体现在它的所有实例中。例如，你创建了一个合成，它是一个旋转的螺旋桨，你把它的 4 个实例添加到了飞机合成，当你修改螺旋桨合成时，它的 4 个实例都会随之更新。

2.17　在合成中使用 Illustrator 图形

当我们把 Illustrator 图形导入 After Effects 项目中以后，并非只是简单地导入了一种文件格式，导入的 Illustrator 图形有着一些独特的优点。

2.17.1　导入 Illustrator 图形

视频帧由许多像素点组成，与视频帧不同，Illustrator 图形由基于矢量的路径组成。你可以随意缩放这种图形，而不会出现锯齿状边缘，不管尺寸如何，图形边缘总是平滑的。

在 After Effects 中，使用【形状工具】或【钢笔工具】创建的形状都是矢量路径。Illustrator 图形和 After Effects 中的形状是相互兼容的。也就是说，你可以先使用 Illustrator 中的绘画工具创建各种形状、蒙版、其他路径，然后把它们导入 After Effects 中，After Effects 完全支持它们。你可以专门雇佣一个平面设计师，让他使用 Illustrator 为你的项目绘制图形，接着再把这些图形导入 After Effects 中（不需要做任何转换，

After Effects 完全支持它们），然后分别处理这些 Illustrator 图层并制作动画。

在上一章的 Baxter Barn 项目和本章前面部分，我们了解了一些导入 Illustrator 图形时要用到的选项。导入 Illustrator 图形时，你可以选择以合成的形式（保留各个图层）导入，也可以选择将其转换为形状图层（基于矢量的可编辑图层，与基于像素的视频图层相对）。

下面让我们再仔细了解一下，当把一个 Illustrator 图形导入 After Effects 时，它是如何变成多个形状图层的。导入 Illustrator 图形的方式有如下几种。

- 素材：在把 Illustrator 图形作为单个素材导入后，它就成为一个独立的素材项，你可以为其制作动画或添加效果。
- 合成：在把 Illustrator 图形作为合成导入后，你会在项目面板中看到一个合成，还有一个同名的文件夹，里面的每一项都是从 Illustrator 图形中的各个图层转换而来。
- 形状图层：你可以选择把导入的任意一个或所有 Illustrator 图层转换成 After Effects 形状图层。把 Illustrator 图层转换成形状图层之后，你就可以更精细地控制添加效果的方式，并且可以使用 After Effects 中的各种工具编辑形状路径。

2.17.2　把 Illustrator 图层转换成形状图层

若想把一个导入的 Illustrator 图层转换成形状图层，请执行如下步骤。

1. 在时间轴面板中，选中一个或多个想做转换的 Illustrator 素材图层。

本课示例中，我们双击 rubys-diner-logo 合成，查看其下所有带有 Illustrator 图标的图层，然后把它们全部选中。

2. 从菜单栏中依次选择【图层】>【创建】>【从矢量图层创建形状】命令。

在时间轴面板的图层列表中，你会看到每个 Illustrator 图层都有了一个副本，并且每个副本左侧都有一个星形图标（图 2.44），表示该图层是一个形状图层。

图 2.44 4 个从 Illustrator 图层转换而来的形状图层

提示

此外，你还可以使用鼠标右键（Windows）或按住 Ctrl 键（macOS），单击导入的 Illustrator 图层，从弹出菜单中，依次选择【图层】>【创建】>【从矢量图层创建形状】命令，把选中的 Illustrator 图层转换为 After Effects 中的形状图层。

3．删除 Illustrator 图层，只保留形状图层，否则，合成中每个图层都会有两种形式。

在转换后的形状图层中，查看和处理单个对象，步骤如下。

1．在时间轴面板中，展开形状图层的属性，然后展开【内容】属性组。

2．展开一个组，查看组中的形状路径和属性（图 2.45）。复杂的 Illustrator 素材可能包含大量组和路径。

图 2.45 由 Illustrator 素材转换来的形状图层中的组和路径

3．在组中，选择一条路径进行编辑，或者应用动画和效果。选择一个组或路径之后，在合成面板中，你会看到它的控制手柄。

2.18 应用高级旋转

★ ACA 考试目标 4.4
★ ACA 考试目标 4.7

前面在旋转 Ruby's 文本图层时，我们将其旋转了 90°。在 After Effects 中做普通旋转非常容易，除此之外，After Effects 还为我们提供了更多旋转特性，在做高级旋转时你会用到它们。

旋转一圈是 360°，所以在许多图形程序中，你最多只能旋转 360°。而在 After Effects 中，你可以把一个图层旋转超过 360°。为什么要这样做？因为你可能想为一个图层制作一个旋转多次的动画。要实现旋转多次，我们必须让旋转超过 360°。

【旋转】属性包含两个同时读取的值（图 2.46）。当图层未发生旋转时，【旋转】值为 0x+0.0°。第一个值代表的是转数，第二个值代表的是度数。当沿着顺时针方向旋转角度超过 360° 时，转数值就会加 1。例如，当你把一个图层旋转了 800° 时，【旋转】值会变为 2x+80.0°（即 2×360°+80°）。若沿着逆时针方向旋转，当度数小于 0°，转数小于 0 圈时，【旋转】值就会变成负值。

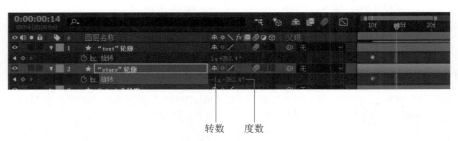

转数　度数

图 2.46 【旋转】属性值

2.19　使用标记

创建好一个合成之后，你可能想标出插入关键帧或剪辑的时间，或者想写一些注释给自己或同事看。当一个合成变得越来越复杂，或者当你与其他人一起工作时，这些想法会变得更加强烈。此时，你可以使用标记把这些想法变成现实，标记是一种可用来记录特定帧附加信息的简便方法。

★ ACA 考试目标 2.3

2.19.1　添加标记

你可以在时间轴面板中向合成添加标记，也可以在素材面板中向素材添加标记。在向合成的时间标尺添加标记时，标记可以带编号，也可以不带。你还可以添加一个图层标记，将其附加到合成的一个特定图层上。

向合成添加带编号的标记的方法如下。

- 在【合成标记素材箱】上按住鼠标左键并向左拖动，在合成时间标尺的某个位置上释放鼠标。

此时，添加的标记带有数字编号。After Effects 把第一个标记编号为 1，随后的标记依次进行编号。

向合成添加不带编号的标记的步骤如下。

1．在时间轴面板中，把当前时间指示器拖动到你想添加标记的那一帧。

2．执行如下操作之一。

- 若向某个特定图层添加标记，请选中该图层。
- 若向某个合成添加标记，请从菜单栏中依次选择【编辑】>【全部取消选择】命令，确保无图层处于选中状态。

3．从菜单栏中依次选择【图层】>【标记】>【添加标记】命令（图 2.47）。

图 2.47 添加标记前后

添加标记时，若有图层处于选中状态，则标记会添加在所选图层上；若无图层处于选中状态，则标记会添加到合成的时间标尺上。

2.19.2　向标记中添加注释

你可以只把标记作为一个简单的视觉标志，只要你知道它是干什么的。

但是，当需要标记表达更多含义时，你可以向它添加各种注释信息。

向标记添加注释的步骤如下。

1．双击标记。

2．在【图层标记】对话框中，编辑如下选项（图 2.48）。

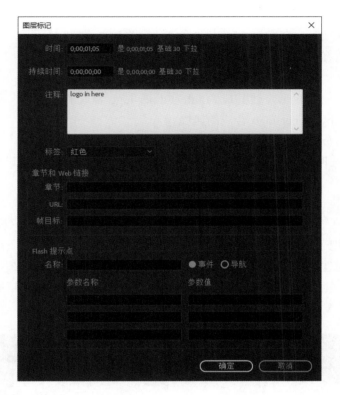

图 2.48 【图层标记】
对话框

- 时间：标记在时间标尺上的位置（即所在的帧）。
- 持续时间：标记指示的时间范围。
- 注释：输入你想添加的文本注释。这些内容会以标签的形式显示在时间轴面板中。
- 标签：指定标签颜色，类似为图层指定标签颜色。
- 章节和 Web 链接、Flash 提示点：【章节和 Web 链接】用来制作交互式 QuickTime 影片，【Flash 提示点】用来制作交互式 Flash 影片，这两种影片现在已经很少见了，你可能不需要使用这些旧功能。

提示

添加不带编号的标记时，你可以使用星号（*）键（请注意，这里是指数字小键盘中的星号键）。你不能使用 Shift+8 这样的快捷键，这类快捷键添加的是带数字编号的标记。

提示

你还可以直接在时间标尺上为标记设置持续时间。首先，把鼠标指针移动到标记上，然后按住 Alt（Windows）或 Option（macOS）键并向右拖动，此时标记会分裂成两个小标记，它们之间的时间跨度就是整个标记的持续时间。

2.20　为两个图层建立“父子”关系

★ ACA 考试目标 3.1

★ ACA 考试目标 4.7

在许多合成中，有些动画需要做同步变化。有时，你只是想让一个图层随着另外一个图层运动。为此，After Effects 为我们提供了一种非常简单的方法——“父子”关系，借助这种方法，你就不必再费力地创建多个关键帧了。在图层之间建立“父子”关系之后，一个图层（子图层）会完全随着另外一个图层（父图层）属性的变化而变化。

建立“父子”关系后，子图层会继承父图层的属性。例如，我们创建了一个白色矩形，让其成为 rubys-diner-logo 合成的子对象，那么它就会继承 rubys-diner-logo 合成的属性。

把一个图层设置为父图层的步骤如下。

1．在时间轴面板中，把当前时间指示器移动到两个图层开始同步的地方。

2．执行如下操作之一。

■　在子图层的【父级和链接】下拉列表框中选择父图层（图 2.49）。

■　把子图层的【父级关联器】图标◎拖动到父图层上。

上面建立“父子”关系的方法很简单，但是非常有用。在更高级的“父子”关系中，我们可以把特定属性绑定在一起，也可以调用数学表达式操纵“父子”关系。

图 2.49　为所选图层指定父图层

2.21　向合成添加音频

★ ACA 考试目标 1.4

★ ACA 考试目标 3.1

前面我们已经把 3 个音频素材导入到了项目之中。在 After Effects

中，处理音频的方式与处理视觉元素的方式类似。你可以把音频素材添加到合成之中，这些音频会变成合成的图层。当然，音频图层是不存在可视化组件的，但是你可以查看音频的波形。

向合成中添加音频的方法如下。

- 把音频素材从项目面板直接拖入时间轴面板中。

查看音频波形的方法如下。

- 在时间轴面板中，展开音频图层的【音频】属性组，然后展开【波形】属性（图2.50）。

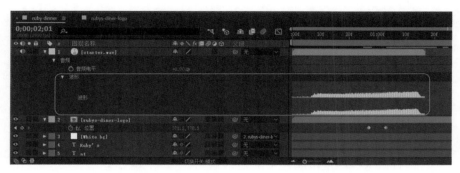

图 2.50　展开音频图层的【波形】属性

调整音频电平的方法如下。

- 在时间轴面板中，展开音频图层的【音频】属性组，然后修改【音频电平】属性值即可。

在时间轴面板中，拖动音频图层左右两端，即可修剪音频图层的起点和终点，就像修剪视频图层一样。

2.22　知识回顾

项目做到现在，如果一切顺利，你已经做好了一个合成，它是一个包含声音的动画。干得漂亮！接下来，我们要回顾一下前面都学了些什么。

在前面的讲解中，我们详细学习了项目面板和时间轴面板中的各种图标、可视化指示器等。这些内容我们在第1章和本章前面部分都已经详细讲过，大家可以回到相应部分做一下回顾。

提示

如果你想查看音频音量，可以打开【音频】面板（【窗口】>【音频】）。虽然不同的制作项目会有不同的要求，但一般来说，我们要把【音频电平】峰值控制在−6dB或更高。请注意，千万不要让音频电平进入音频表的红色区域（高于0dB），否则会导致严重失真。

提示

如果你想让音频电平随着时间变化而变化，你可以单击【音频电平】属性左侧的秒表图标，然后根据需要添加关键帧。

★ ACA 考试目标 3.1

2.23　导出合成

本章制作的合成比较简单，导出并不需要花多少时间。但是，在为大型项目创建合成时，合成往往会比较复杂，渲染时间比较长。对于这样的合成，你肯定不想等待很长时间才发现有些错误需要修改。因此，在导出之前，我们需要先认真检查一下合成。

★ ACA 考试目标 5.1

★ ACA 考试目标 5.2

导出合成之前，请使用预览面板仔细检查一下合成，主要检查如下这些项目。

- 合成的持续时间对吗？
- 所有文本与图形在必要的时候都是清晰可见的吗？例如，当标志牌旋转时，其上的文本是模糊的，但是当标志牌停下来时，其上文本必须是清晰可见的。
- 所有元素的出现时间都对吗？
- 图层堆叠顺序都对吗？
- 如果编辑时你隐藏了一些图层，在最终渲染之前，请检查你有没有把这些图层再次显示出来。
- 图层开关是否都对？例如，为了加快预览速度，你可能把【运动模糊】开关关掉了，渲染之前请把它打开。
- 合成的音频正常吗？音频的起点和终点合适吗？各个音频轨道的音频电平彼此达成平衡了吗？

提示

在渲染之前，如果你想多次观看合成，请在预览面板中开启【循环】选项。

2.23.1　把合成发送到 Adobe Media Encoder

在 After Effects 中，把合成渲染到一个文件中的方法有多种。在第 1 章中，我们介绍了使用 After Effects 渲染队列来渲染合成。这里，我们向大家介绍另外一种渲染方法，即把合成导出到 Adobe Media Encoder 中进行渲染，Adobe Media Encoder 是一个独立的程序。

使用 Adobe Media Encoder 渲染有诸多好处，相关内容请参考后面的"比较渲染队列和 Adobe Media Encoder"部分。

执行如下操作之一，把合成发送到 Adobe Media Encoder 中（图 2.51）。

- 在合成面板或时间轴面板中，确保合成处于激活状态，然后从菜单栏中依次选择【文件】>【导出】>【添加到 Adobe Media Encoder 队列】命令。

■ 在 Adobe Media Encoder 中，使用媒体浏览器面板，找到 After Effects 项目，将其拖入队列面板。在【导入 After Effects 项目】对话框中，选择想渲染的合成，单击【确定】按钮。

图 2.51 把一个合成添加到 Adobe Media Encoder 的队列面板

比较渲染队列和 Adobe Media Encoder

有两种方法可以把一个合成导出为视频文件。第 1 章中提到，我们可以直接在 After Effects 中把一个合成导出为视频文件。这里我们又讲到了另外一种方法，即把合成发送到 Adobe Media Encoder 中进行导出。Adobe Media Encoder 是一个独立的程序，可作为 Adobe Creative Cloud 的一部分进行安装。了解 Adobe Media Encoder 和 After Effects 渲染队列有何不同是十分重要的。

After Effects 渲染队列和 Adobe Media Encoder 都允许你把多个待渲染的任务放入队列之中。使用 Adobe Media Encoder 的最大优势是，它是在后台执行渲染导出任务的，这期间你可以返回到 After Effects 中，继续处理其他合成。

After Effects 渲染队列和 Adobe Media Encoder 都允许你导入一个合成，然后渲染出多个版本。使用 Adobe Media Encoder 的另一个好处是，它使用与 Premiere Pro 一样的导出预设，你可以选择（或创建）适用于 Premiere Pro、Adobe Media Encoder 和 After Effects 的导出预设。

Adobe Media Encoder 是一个独立的视频转换器，你可以使用它把视频文件从一种格式转换为另外一种格式，这个过程称为"转码"。例如，你可以把多个视频文件从桌面拖入 Adobe Media Encoder 队列，然后应用一个导出预设，把它们转换成适合上传到社交媒体的格式。

注意

在 Adobe Media Encoder 中，只要安装了【动态媒体服务器】，你就可以使用【媒体浏览器】把合成添加到队列面板。对于单个用户是这样，但是对于某些组织级的安装可能不是这样。

提示

除了导出合成之外，你还可以导出项目面板中的各个项，包括视频素材。首先，在项目面板中，选择要导出的项，确保项目面板处于激活状态（周围出现蓝色框线），然后从菜单栏中依次选择【文件】>【导出】命令。

注意

编辑队列面板中的项目时，你可以单击向下箭头，然后从弹出的下拉列表框中选择一个预设。单击蓝色高亮文本会弹出一个对话框，在这个对话框中，你可以根据需要对选择的预设进行修改。

2.23.2　在队列面板中设置渲染项目

在把一个项目添加到 Adobe Media Encoder 的队列面板中后，在开始渲染之前，你还需要做几件事，这几件事也很容易记住。在队列面板中有 3 个列（【格式】【预设】【输出文件】）文本是高亮显示的（图 2.52）。我们需要做的是，逐个单击它们，然后正确设置它们。请务必按照从左到右的顺序进行操作，因为你在左侧选项中所做的设置会影响到右侧选项中有哪些设置可用。

图 2.52　队列面板中 3 个需要设置的选项

选择格式

格式选项用于控制导出文件的格式。

选择格式的方法如下。

- 在某个渲染项的【格式】列之下，单击蓝色文字左侧的向下箭头，在下拉列表框中，为你的合成选择一种合适的导出格式。

在【格式】下拉列表框中，我们可以选择的格式有很多。对目前的许多项目来说，H.264 是个比较稳妥的选择。不过，如果你的客户有特定要求，请按照他们的要求选择导出格式。

在【格式】下拉列表框中，除了视频格式之外，还有音频和静态图像格式，当你希望只导出音频或想把一段动画导出为图像序列时，你可以选择它们。

选择预设

预设就是一组预先保存的导出设置。这是个非常贴心的设计，大大方便了用户，因为导出设置有很多，而且很复杂，如果某个导出预设符合你的要求，那你可以直接选择它来导出你的作品，这样你就不必再逐个设置各个选项了，因为预设都帮我们设置好了。

按照如下步骤，选择预设。

- 在某个渲染项的【预设】列之下，单击蓝色文字左侧的向下箭头，在下拉列表框中，为你的合成选择一种最合乎要求的预设。

例如，当你想导出一段要上传到视频网站的 1080P 视频时，你不必了解帧大小、比特率、多路复用器等这些复杂的技术细节，只要选择一个预设就好，这个预设会为你设置好各个参数。

默认预设为【匹配源 - 高比特率】，这表示使用与源合成最接近的设置和质量进行导出。如果你不知道该选哪个，请保持默认预设。在选择了某个预设之后，你可以根据项目要求对所选预设进行修改，使之更符合实际需要。

在示例项目中，我们制作的视频是竖直的，【预设】下拉列表框中不存在相应的预设。此时，你可以在【导出设置】对话框的【视频】选项卡中手动设置视频的【宽度】和【高度】等参数。

设置输出文件选项

在队列面板中，【格式】和【预设】这两项不一定要设置，但【输出文件】这个选项必须设置。在【输出文件】选项中，你可以指定要导出的文件名，以及文件的保存位置。

进行如下操作，设置输出文件选项。

- 在渲染项的【输出文件】列，单击蓝色文字，在【另存为】对话框中，指定文件名称和保存位置，然后单击【保存】按钮。

2.23.3 认识【导出设置】对话框

当在【预设】下拉列表框中找不到合适的预设时，你可以自己指定导出设置。为此，你必须对【导出设置】对话框有基本的了解。下面让我们一起认识一下【导出设置】对话框。

在【导出设置】对话框的顶部区域显示的是基本设置，包括格式、预设、文件名、文件保存位置。

在【导出设置】对话框的中间区域有 6 个选项卡，里面包含许多设置选项。当你选择某个预设时，After Effects 会自动帮我们设置这些选项，所以大多数情况下，我们并不需要亲自动手设置这些选项。但是，如果你需要动手调整它们，那你就必须了解这些选项的具体含义了。

- 效果（图 2.53）：有时你只想把某个效果应用到导出视频上，而

注意

如果你忘了设置输出文件名和位置，并且不知道导出文件的名称和路径，那你很可能会找不到导出的文件。此时，你只要单击已渲染项目的蓝色文字，Adobe Media Encoder 就会把文件显示在桌面上。

不想应用到原始合成上。其中一类情况是，你需要合成满足特定的技术要求，如视频限幅器、响度标准化等；另一类情况是，你想把一个 Logo 叠加到导出视频上，而不想添加到原始合成上。

- 视频（图 2.54）：如果说有一个选项卡一定会用到，那这个选项卡肯定是指【视频】选项卡，因为只有在【视频】选项卡中，你才能调整帧大小和比特率。降低比特率会降低画面质量，但可以有效地减少视频文件的大小。
- 音频（图 2.55）：在【音频】选项卡中，你可以设置【音频格式】【比特率】等与音频相关的选项。

图 2.53　使用【效果】选项卡可以调整导出视频，但不会更改原始合成

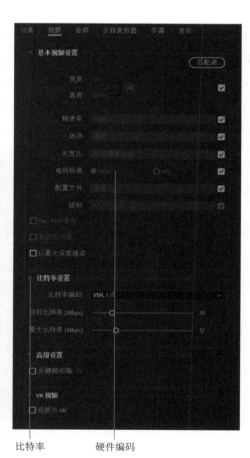

比特率　　　　硬件编码

图 2.54　在【视频】选项卡中，你可以自定义视频导出选项

- 多路复用器（图 2.56）：如果你不懂 MPEG 多路复用，请不要擅自修改该选项卡下的选项。当你选择某个预设之后，程序会自动设置它们。当然，如果客户明确要求你修改，并且提供了修改设置，那你可以根据客户给出的设置进行修改。
- 字幕（图 2.57）：这个选项卡是为 Premiere Pro 等应用程序提供的，这些应用程序可以创建符合行业标准格式的封闭和开放字幕。该选项卡不适用于 After Effects 合成。

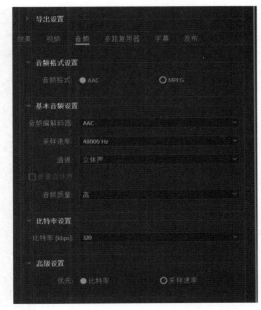

图 2.55 在【音频】选项卡中，你可以自定义音频导出选项

图 2.56 【多路复用器】选项卡中包含 MPEG 多路复用选项

图 2.57 可以在【字幕】选项卡中调整字幕导出选项

- 发布（图 2.58）：如果你想把一个合成直接导出到某个社交网站上，你可以在【发布】选项卡中勾选目标社交网站，然后输入账户名和密码，当导出完毕后，视频会被自动上传到目标社交网站。

自定义好各个设置之后，在【导出设置】对话框中，单击【预设】右侧的【保存预设】图标，即可把这些设置保存为你自己的预设。

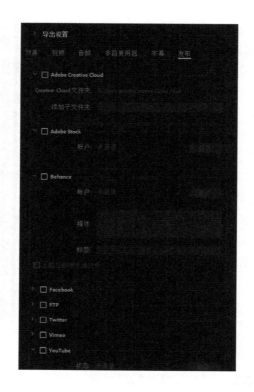

图 2.58 在【发布】
选项卡中勾选社交网
站并做相应配置，视
频渲染完毕后会被自
动上传到目标网站

2.23.4　渲染多个版本

为同一个合成渲染多个版本很容易，你只需要导出一次。例如，你
可以先把合成导出到 Adobe Media Encoder，然后做相关设置，分别为电
视、智能手机、Web 页面渲染一个版本。

在 Adobe Media Encoder 中为同一个合成渲染多个版本的步骤如下。

1. 把合成添加到渲染队列，设置渲染项。

2. 在队列面板中，选择待渲染的合成，执行如下操作之一。

■ 单击【重制】按钮（图 2.59）。

■ 从菜单栏中依次选择【编辑】>【重制】命令。

■ 按快捷键 Ctrl+D（Windows）或 Command+D（macOS）。

3. 为复制项设置渲染选项。你可以从【预设】下拉列表框中选择其
他预设，也可以单击【预设】列中的蓝色文字，自定义导出设置。

4. 如果你还想渲染更多版本，请重复步骤 2 和步骤 3。

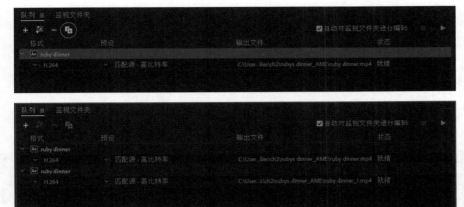

图 2.59　渲染多个版本

2.24　课后题

请按照自己的想法为本课的项目制作动画。例如，你可以改变 Eat at Ruby 文本在屏幕上的显示方式；让所有文本旋转或滑动到指定位置；或者通过为【不透明度】属性制作动画，实现文本的淡入淡出效果。

此外，你还可以为灯光制作不同的动画。例如，不让灯光依次打开再依次熄灭，而是让它们依次打开然后同时熄灭，或者让它们同时打开和熄灭。

最后，你可以使用本章学习的技巧，向标志牌添加镜头光晕效果！当标志牌停止旋转时，先照亮标志牌，然后消隐在标志牌之后。

本章目标

学习目标

- 创建项目
- 预览与应用效果预设
- 制作文本动画
- 应用文本动画预设
- 修剪视频素材
- 使用【钢笔工具】绘制路径
- 为路径文字制作动画
- 应用形状预设
- 使用 Lumetri 颜色效果调整颜色和色调
- 应用闪电动画预设
- 把合成导入 Adobe Media Encoder 中渲染到一个或多个文件中
- 创建与管理工作区

ACA 考试目标

- 考试范围 1.0
  在视觉效果和动画行业工作
  1.4
- 考试范围 2.0
  项目创建与用户界面
  2.1，2.2
- 考试范围 4.0
  创建和调整视觉元素
  4.1，4.2，4.3，4.5，4.6
- 考试范围 5.0
  发布数字媒体
  5.1，5.2

第 3 章

使用动画预设

前面两章，我们学习了使用 After Effects 制作动画的一般步骤。本章中，我们将尝试在动画制作中使用一些动画预设，为路径文字制作动画。此外，我们还要了解一下 After Effects 中的工作区，学习如何高效地利用有限的屏幕空间。

3.1　创建项目

开始学习本章内容之前，先要创建一个项目，步骤如下。

1．运用前面所学知识，新建一个 After Effects 项目 preset.aep，并将其保存到【ch3】文件夹中。

2．新建一个名为 preset bg 的合成，选择【NTSC DV】预设。【NTSC DV】预设是一个旧标准，广泛应用于北美地区早期标清非宽屏数字视频广播电视中。现在，NTSC DV 已经被 HDTV 标准取代。

3．从【ch3】文件夹导入两个视频文件。创建该项目时，请确保文件组织有序。在项目面板中，你可以把导入的两个视频文件分别放入各自的文件夹，也可以把它们放入同一个文件夹中。这里把它们放入一个名为【media】的文件夹中。

4．在项目面板中，把合成放入一个名为【comps】的文件夹中。

5．在 preset bg 合成中，以默认大小（合成大小）新建一个白色纯色图层，并命名为【Background】（图 3.1）。

第 2 章中提到过，纯色图层通常作为效果背景使用。

★ ACA 考试目标 2.1

提示

在项目面板中，同时选择多个视频素材，然后把它们拖动到项目面板底部的【新建文件夹】图标上，这样你就可以把所有选中的素材同时放入新创建的文件夹中。

提示

【图层】>【新建】>【纯色】命令对应的快捷键是 Ctrl+Y（Windows）或 Command+Y（macOS）。

注意

如果你无法创建纯色图层，请先单击【合成】面板或时间轴面板，使其处于激活状态。

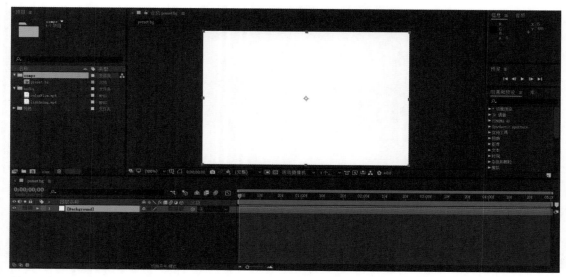

图 3.1 在 After Effects 中新创建的项目、合成、纯色图层

6. 启动 Adobe Bridge 程序。你可以使用第 1 章中提到的任意一种方法启动 Adobe Bridge，包括使用应用程序启动器、快捷方式，以及操作系统中的搜索功能。

3.2 预览与应用效果预设

★ ACA 考试目标 4.6

背景预设是 After Effects 为我们提供的一组效果预设，这些效果预设往往用在合成的背景制作中。

前面已经讲过，在效果和预设面板的搜索文本框中输入效果名称，我们可以快速查找到需要使用的效果。但是，如果你不知道每个效果有什么作用，那你怎么能知道应该选择哪种背景效果呢？为了帮助大家了解每种效果的作用，After Effects 允许我们使用 Adobe Bridge 来浏览各种效果。

前面学习了如何应用效果，现在要学的是如何使用效果预设。两者之间有何区别呢？当你应用某个效果预设时，这个效果预设中可能包含了使用特定设置的多个效果，也可能是一个产生特定结果的效果组合。由于效果预设都比较复杂，所以使用 Adobe Bridge 预览效果预设就显得尤为重要和有用。

浏览背景效果步骤如下。

1. 在 After Effects 的效果和预设面板菜单中，选择【浏览预设】命令（图 3.2）。

此时，Adobe Bridge 会打开，并且进入 After Effects 的【Presets】文件夹，该文件夹位于 After Effects 安装目录下的【Support Files】文件夹中。

2. 双击【Backgrounds】文件夹，打开它。

【Backgrounds】文件夹中包含着各种背景效果的预览图片。接下来，我们就可以预览各种背景效果。

3. 选择一种效果预设。

图 3.2　选择【浏览预设】命令

乍一看，Adobe Bridge 似乎只是简单地把要浏览的文件复制到了 Windows 或 macOS 的桌面上。但是，桌面一般不适合浏览视觉或动态媒体，因为桌面文件夹窗口通常仅限于显示文件名和静态缩略图。为此，Adobe 提供了 Bridge 应用程序，它可以帮助我们高效地浏览图形文件、视频文件，以及某些效果等。

注意

如果 Adobe Bridge 不能正确地播放 After Effects 预设，请把你的 Adobe Bridge 升级到最新版本。为此，你可以使用 Creative Cloud 桌面程序进行更新。在安装 After Effects 和 Adobe Bridge 时都会用到这个应用程序。

本章中，我们将学习如何在 Bridge 中预览效果预设，以及使用 Bridge 播放所选视频文件。

当你选中由其他 Adobe 程序生成的文档时，你可以在元数据面板中浏览所选文档的各种信息。例如，选择一个视频文件时，元数据面板会显示该视频文件的一些属性信息；选择一个 Illustrator 文件时，元数据面板会显示出该文件中使用的色板。

4．如果在 Adobe Bridge 界面中看不见预览面板，请单击【预览】选项卡，将其显示出来。预览面板与发布面板在同一个面板组中，你看到的可能是发布面板。此时，单击【预览】选项卡，即可显示出预览面板。如果连【预览】选项卡也看不到，请从菜单栏中依次选择【窗口】>【预览】命令。

此时，你应该能够在预览面板中看到所选的效果预设了（图 3.3）。在预览面板中还有【开始】【结束】【循环】等控制按钮，你可以使用这些按钮对预览进行控制。

预设缩略图　　　　　　　　　　　　　【预览】面板

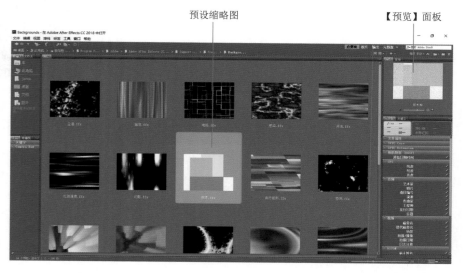

图 3.3　在 Adobe Bridge 中浏览效果预设

5．双击所选效果预设，返回到 After Effects 中。此时，所选效果预设应该已经被应用到你在效果和预设面板中选择【浏览预设】命令时所选的纯色图层上。

6. 使用预览面板，播放合成，查看动态背景在合成中的样子。

在第 2 章中我们学习了如何从效果和预设面板中应用一个效果，还学习了如何在效果控件面板（时间轴面板）中编辑效果属性，以及制作属性动画。这里介绍的步骤与前面有一些不同，主要是因为我们使用了 Adobe Bridge 来浏览效果预设。

提示

在 Adobe Bridge 中双击一个效果预设后，若该效果预设没有在 After Effects 中自动应用到所选图层上，请尝试在 Adobe Bridge 中双击该效果预设之前先将其选中。若还是不行，请返回到 After Effects 的效果和预设面板中应用效果预设。

3.3　制作文本动画

在第 2 章中我们提到，在 After Effects 中，文本的大量属性都支持动画制作。本章我们再介绍几种文本动画制作方法。

首先，我们再向合成添加一个纯色图层。前面我们已经添加过一个纯色图层，相信你已经知道该怎么做了。请使用如下设置，添加纯色图层，其他未提及的选项保持默认设置即可。

★ ACA 考试目标 4.2

★ ACA 考试目标 4.6

- 设置【高度】为 200 像素。
- 设置【颜色】为蓝色。
- 降低【不透明度】值。

在使用 After Effects 制作动画或编辑过程中，设置【颜色】时，你可以使用 After Effects 为我们提供的多种颜色设置方式，例如，你可以使用十六进制颜色值，也可以使用 HSB 值、RGB 值或【吸管工具】。在【纯色】对话框中，你可以看到这些设置颜色模式（图 3.4）。

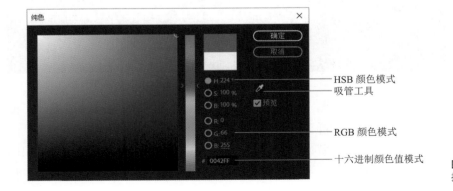

图 3.4　After Effects 提供多种颜色设置模式

在为动画与视频指定颜色时，RGB 颜色模式最常用；而在网页设计中，十六进制颜色值模式最常用。如果客户或艺术总监向你提供了某种颜色模式下的颜色值，使用时，你只需要在拾色器中对应的颜色模式下输入颜色值即可，此时，该颜色在各种颜色模式下的颜色值一目了然。

注意

新建纯色图层时，默认使用包含它的合成的设置。

什么是十六进制颜色值？与十进制（包含 0～9 十个数字）、二进制（包含 0、1 两个数字）不同，十六进制包含 16 个数，分别为 0～9 与 A～F。十六进制颜色值经常用在网页设计中，因为程序员习惯使用十六进制数字。

3.3.1 调整文本间距

这里我们要创建的文本动画和第 2 章中制作的文本动画类似。首先，我们在蓝色纯色图层上添加两个独立的文本图层，如名字和姓氏，然后根据需要对文本格式化，使其位于蓝色图层之中（图 3.5）。

图 3.5 输入动画文本

接下来的问题是，我们该如何控制文本间距呢？字符面板提供了多种可以应用到文本的间距，让我们来回顾一下。

- 【设置所选字符的字符间距】：如果你想在所选字符之间加减相同数量的空间，请调整该选项。

- 【设置两个字符间的字偶间距】：如果你想调整两个字符间的距离，请使用【横排文字工具】在字符之间单击，然后调整该选项。
- 【设置行距】：如果你想调整同一个文本图层上文本行之间的距离，请先选中文本行，然后调整该选项。请注意，这个选项只能用来调整同一个文本图层上文本行之间的距离。所以，该选项对我们示例中的两行文本不起作用，因为这两行文本分别位于不同的文本图层上。要调整这些文本行之间的间距，你可以修改每个文本图层的位置（垂直距离）属性。

注意

在段落面板中选择了【两端对齐】选项之后，即使段落中只有一行文本，After Effects 也会在字符之间添加空格，让段落的最后一行占满整个文本图层的宽度。

3.3.2 应用文本动画预设

通过前面的学习，我们学会了如何为文本图层中的字符制作动画，具体做法就是，在相应属性上添加关键帧，然后在不同时间点上修改这个属性值。例如，你可以通过设置字符间距属性制作动画，让字符间距随着时间变得越来越小或越来越大。

除了采用手工添加关键帧的方式制作动画之外，我们还可以使用文本动画预设。你还记得前面提到过的背景预设吗？ After Effects 提供了许多文本动画预设，它们的工作方式都类似。

按照如下步骤，应用文本动画预设。

1. 把当前时间指示器移动到动画开始的地方。

2. 选中文本图层。

3. 从效果和预设面板菜单中，选择【浏览预设】命令，在 Adobe Bridge 中打开【Presets】文件夹。

4. 在 Adobe Bridge 中，打开【Text】文件夹。

5. 打开一个文本动画预设文件夹，其中包含你想使用的效果。这里，打开的是【Animate In】文件夹，我们要使用其中的【字符拖入】动画预设。

6. 双击你想应用的效果，这里是【字符拖入】。

此时，After Effects 会把你选择的动画预设应用到所选的文本图层上（图 3.6）。

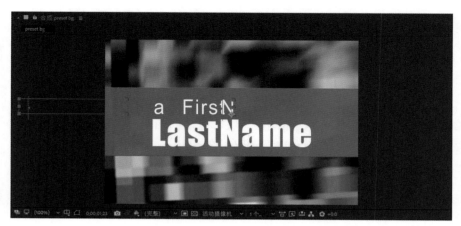

7. 向另外一个文本图层应用其他文本动画预设。

3.3.3　同时应用 Animate In 与 Animate Out 动画预设

在 After Effects 中，文本动画预设包含 Animate In 与 Animate Out 两组动画预设。前面我们已经向各个文本图层应用了不同的 Animate In 预设。当然，你还可以向同一个文本图层应用 Animate Out 动画预设，但是在应用时，请确保把当前时间指示器放到 Animate In 预设的最后一个关键帧之后的一帧上，即 Animate In 预设停止播放后的那帧上。

若合成时间不够，容不下整个 Animate Out 动画预设，你可以考虑先把合成时间增加一些。

3.4　修剪视频素材

在视频编辑过程中，在把一段视频素材添加到节目中之前，通常都需要先把视频素材修剪到指定长度。类似地，在 After Effects 中，在把一段视频素材添加到合成之前，也需要先修剪素材，修剪方法和视频编辑程序（如 Premiere Pro CC）中的方法一样。

修剪视频素材时，先要在一个独立的窗口中打开素材，然后在素材
上设置入点和出点。入点与出点指视频素材的起始帧和结束帧。经过修
剪之后，你就可以把素材添加到合成之中了。

修剪视频素材步骤如下。

1．在项目面板中，双击 colorFlow.mp4 素材。

此时，素材会在素材面板中打开。素材面板与合成面板看上去很相
似，但是要注意素材面板中显示的是素材，而不是合成。

2．把当前时间指示器移动到某个时间点，在合成中使用这个素材
时，该时间点就是起点。

3．单击【将入点设置为当前时间】按钮。

4．把当前时间指示器移动到某个时间点，在合成中使用这个素材
时，该时间点就是终点。

5．单击【将出点设置为当前时间】按钮（图 3.7）。

提示

如果你不确定当前看
到的是合成还是素材，
可以观察面板的标题。
若面板标题以"合成"
为前缀，则表示当前
显示的是合成，若以
"素材"为前缀，则表
示当前显示的是素材。

图 3.7　在素材面板中
修剪素材

修剪后的素材持续时间　　　　　将出点设置为当前时间
　　　　　将入点设置为当前时间

在把素材添加到合成之中后，只有入点和出点之间的部分才会显示
出来。

再次调整入点和出点，操作如下。

■　在时间轴面板中，选中素材所在图层，然后拖动左边缘或右边
　　缘，即可重新调整素材的入点和出点。

这个例子中，我们在素材面板中修剪图层。不过，或许你还记得，

在第 2 章中我们使用了类似的方法在时间轴面板中为合成中的图层调整了入点和出点。

3.5 向视频图层应用效果预设

到这里，有关使用效果预设的基础知识就讲完了。接下来，我们再往下深入一点。我们已经把效果预设应用到了背景上，把文本动画效果应用到了一个文本上，其实，我们还可以把效果预设应用到视频图层上，有时这会非常有用。下面，我们将向【colorFlow】视频图层应用一个效果预设。

★ ACA 考试目标 4.6

具体步骤如下。

1. 如果你还没有把 colorFlow.mp4 添加到 preset bg 合成中，请先添加它，并将其选中。

2. 在效果和预设面板菜单中，选择【浏览预设】命令。在打开的 **Adobe Bridge** 中，双击【Image-Creative】文件夹（位于【Presets】文件夹下），找到【着色 - 浸金色】效果预设，双击将其应用到【colorFlow】视频图层。

3. 在把【着色 - 浸金色】效果预设应用到【colorFlow】视频图层之后，你可以根据需要在效果控件面板中修改效果预设的各种属性（图 3.8）。

提示

【着色 - 浸金色】预设有一个【混合模式】属性，它与整个图层的【混合模式】属性是相互独立的。你可以根据需要，分别调整这两个【混合模式】属性。

【效果控件】面板中的效果属性

图 3.8 所选图层的效果属性

时间轴面板中的效果属性

此外，效果属性还会显示在【colorFlow】图层的【效果】属性组中。不论使用哪个面板，你都可以添加关键帧，为某个效果属性制作动画。

3.6 为路径文本制作动画

我们常见的文本都在一条直线上，如果可以让一行文字沿着一条路径流动，则合成会有更好的视觉效果。

★ ACA 考试目标 4.2

3.6.1 创建路径文字

创建路径文字需要把许多看似不相关的元素组合在一起，似乎很复杂，但是当你理解了这些元素的组合方式之后，你就很容易记住创建路径文字的整个流程了。具体步骤如下。

1. 选中文本图层。

2. 使用任意一个形状工具或钢笔工具绘制一条路径。

在 After Effects 中，在某个图层处于选中的状态下，使用形状工具为所选图层绘制蒙版。

3. 在时间轴面板中，展开所选图层的属性，找到【蒙版】属性。当你在所选图层上绘制一个形状后，才能在该图层下找到【蒙版】属性。

接下来，我们要让文字沿着蒙版路径排列。

4. 展开所选文本图层的【路径选项】属性组，在【路径】右侧的下拉列表框中，选中刚刚创建的蒙版（图3.9）。

在【路径选项】属性组下有多个选项，你可以通过这些选项控制文本沿着路径排列的方式。例如，如果你想更改文本在路径上的起点，可以调整【首字边距】选项。

此外，你还可以使用字符面板来调整路径文字的属性。例如，通过调整字符面板中的【字符间距】可以改变字符之间的距离。

> **提示**
>
> 在时间轴面板中，双击文本图层名称左侧的 T 图标，可以把该文本图层上的所有字符同时选中。

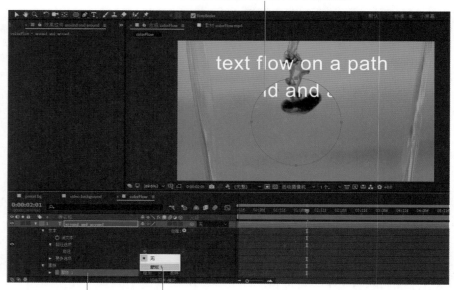

在文本图层处于选中的状态下绘制蒙版

图 3.9 为文本选择一个要跟随的蒙版名

【路径选项】下的蒙版名称　　新蒙版名称

3.6.2　制作文本动画

虽然前面我们不曾为路径文字制作过动画，但是，你应该能够猜到，制作动画的基本方法其实都是一样的：首先确定你要为哪些属性制作动画，然后在这些属性上添加关键帧，最后针对每个关键帧修改这些属性的值。

具体步骤如下。

1．把当前时间指示器移动到动画的第一帧。

2．修改文本图层的【首字边距】属性，指定文本起始位置。

提示

就像前面讲到的一样，我们可以为关键帧设置【缓动】来使运动更加平滑。

3．单击【首字边距】属性左侧的秒表图标，启用关键帧动画，在当前帧处添加一个关键帧。

4．把当前时间指示器移动到动画结束的那一帧。

5．修改【首字边距】属性值（图 3.10）。

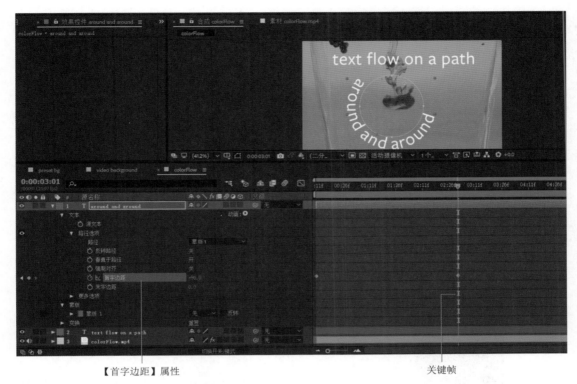

【首字边距】属性　　　　　　　　　　　　　　　关键帧

图 3.10　为路径文字的【首字边距】制作动画

如果文本跟随的路径是一条闭合路径，例如圆形，那你可以把两个关键帧的【首字边距】属性值设得相差很大，这样播放动画时，文本好像在不断地沿着路径运动。

3.6.3　使用【钢笔工具】绘制路径

下面我们使用【钢笔工具】绘制路径，然后让文本沿着钢笔绘制的路径运动。提到【钢笔工具】，你可能会想：它应该和我们平时用的钢笔一样吧？错！它们的工作原理完全不同。这里，我们将使用【钢笔工具】绘制一条波浪形路径，然后让文本随着这条路径排列。

★ ACA 考试目标 4.5

首先，我们要创建一个包含一行文本的文本图层，并且使其处于选中状态。

绘制波浪形路径的步骤如下。

1．在合成面板中，把视图缩小一些，只要能看到画面之外的一部分区域即可。

2．在工具面板中，选择【钢笔工具】。

3．把【钢笔工具】放到画面左边缘之外的不远处。

4．按住鼠标左键，把【钢笔工具】向右上拖动一小段距离。

拖动时，会有两条带圆点的线条从锚点处延伸出来（图3.11）。这两条线并不是你绘制的路径，它们是方向控制手柄，代表曲线的曲率，当你添加下一个路径点时，曲线就会出现。这么说，你可能一头雾水，做完下一步之后，你就会明白了。

5．把【钢笔工具】放到画面内的大约四分之一处，垂直位置保持不变，然后按住鼠标左键，慢慢向右下拖动一小段距离（图3.12）。

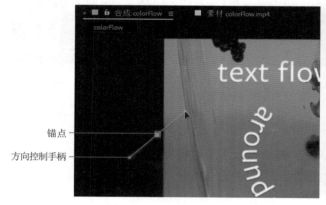
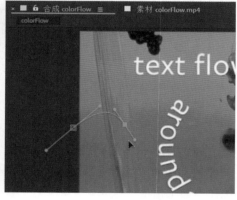

图3.11　使用【钢笔工具】拖动，从锚点处延伸出两条方向控制手柄

图3.12　拖动方向控制手柄可以更改曲线形状

当你开始拖动时，在两个锚点之间就会出现一条曲线，并且随着你的拖动，曲线的形状会发生变化。当曲线符合你的要求时，释放鼠标，停止拖动。

6．继续按住鼠标左键拖动，调整曲线形状，当形成一段好看的波纹后，释放鼠标。

7．把【钢笔工具】放到画面的一半处，垂直位置大致保持不变，按住鼠标左键，向右上方拖动一小段距离。

8．重复步骤 5 与步骤 6，绘制多段曲线，终点在画面右边缘之外不远处，停止绘制（图 3.13）。

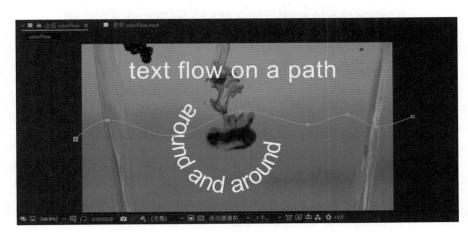

图 3.13　使用【钢笔工具】绘制波纹状曲线

使用锚点绘制路径的另外一个好处是，你可以很容易地再次编辑路径。

编辑路径的步骤如下。

1．切换回【选取工具】。

2．若当前路径处于未选中状态，使用【选取工具】选中它。

3．执行如下操作之一。

■ 拖动锚点，改变锚点位置。

■ 单击曲线上的一个锚点，拖动出现的控制手柄，调整曲线的曲率。若对曲线形状还不满意，请单击曲线另一端的锚点，然后拖动控制手柄，调整曲线形状。

在时间轴面板中文本图层的【蒙版】属性下，你可以看到刚刚绘制的路径。从【路径选项】属性组的【路径】中，选中刚刚绘制的路径，把文本贴附到路径上（图 3.14），再添加关键帧，为路径文字制作动画。

> **提示**
>
> 使用【选取工具】拖动锚点和控制手柄，可以调整曲线形状。

> **提示**
>
> 如果对其他 Adobe 应用程序（如 Illustrator、Photoshop、Premiere Pro）中的【钢笔工具】很熟悉，那你会轻松学会使用 After Effects 中的【钢笔工具】。

图 3.14　在【路径选项】属性组的【路径】中选中蒙版路径

使用【钢笔工具】精确绘制线条

通常，我们使用钢笔在纸上很难绘制出完美的直线或平滑的曲线，而在计算机中却可以轻松地办到，你可以使用【钢笔工具】快速绘制出完美的直线或平滑的曲线。因此，【钢笔工具】是许多图形应用程序的标配，Photoshop、Illustrator 等程序中都有钢笔工具。在这些应用程序中，【钢笔工具】常用来为图形绘制形状。在 After Effects 中，【钢笔工具】可以用来创建蒙版与运动路径。

【钢笔工具】背后的原理不太好理解，你不能像使用真正的钢笔那样直接通过拖动来画出想要的形状。使用【钢笔工具】绘制形状有点类似于先钉好图钉，然后再用直线或曲线把它们连起来，图钉处就是你想改变线条方向的地方。

使用【钢笔工具】绘制的线条称为"路径"，路径可以是直线段，也可以是曲线段。路径由锚点确定，锚点的功能有点像图钉，通过调整锚点来改变路径方向。

使用【钢笔工具】时有两个基本操作：单击与拖动。在使用【钢笔工具】绘制直线时，先在直线的起点处单击，然后再在终点处单击，【钢笔工具】会在起点与终点之间创建一条直线。绘制曲线时，先要用【钢笔工具】单击创建一个锚点，该锚点是曲线的起点，曲线形状由拖动的远近和方向决定（图 3.15）。

 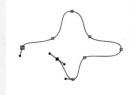

通过单击绘制路径　　　　　通过拖动绘制路径　　　　结合单击和拖动绘制路径

图 3.15　使用【钢笔工具】绘制路径

　　使用【钢笔工具】单击或拖动时，可以同时使用 Shift、Alt 键（Windows）或 Option、Control、空格键（macOS）等修饰键。绘制路径的过程中，你可以使用这些修饰键控制角度、切换拐点与平滑点、调整点的位置等。听起来好像要记很多东西，没错！【钢笔工具】是个强大又精准的路径绘制工具，掌握它并非易事。不过一旦你掌握了它，Adobe Creative Cloud 中很多程序的【钢笔工具】你就都会使用了。

　　有关【钢笔工具】的详细用法已超出本书的讨论范围。不过，由于【钢笔工具】是绘制数字图形最重要的工具之一，所以你可以在网上找到很多相关教程。【钢笔工具】也是 Illustrator 的基础，在讲解 Illustrator 的视频与书籍中，你也可以找到很多有关【钢笔工具】的教程。

3.7　使用形状预设

　　前面我们已经用过背景预设和文本动画预设了，使用它们可以帮助我们快速制作出吸引人的效果，并且能节省大量时间。同样，使用形状预设也能为我们节省大量时间，因为这些预设不仅有预置好的形状，而且这些形状还已经添加好了动画。使用这些预设时，你只需要根据要求做相应修改即可。

　　在 After Effects 中，形状预设是基于矢量路径的。当你把一个形状预设添加到合成中时，After Effects 会为预设新建一个形状图层。

★ ACA 考试目标 4.1

★ ACA 考试目标 4.6

与 After Effects 中的其他预设一样，你可以使用 Adobe Bridge 预览形状预设。在 Adobe Bridge 中打开形状预设文件夹时，你会看到 4 个文件夹，每个文件夹中包含一类形状预设。

- Backgrounds：前面我们提到过一个同名的预设文件夹，那个文件夹中包含的是基于视频（像素）的背景。而这里的【Backgrounds】文件夹位于【Shapes】文件夹之中，其中包含的是基于形状（矢量）的背景。
- Elements：这个文件夹中包含的是静态图形和动态图形的预设。
- Sprites – Animated：这个文件夹中包含的是动态精灵预设。精灵是指一个图标，它可以代表游戏中的一个玩家或地图上的一个位置。
- Sprites – Still：这个文件夹中包含的是静态精灵预设。

向一个合成中添加形状预设的步骤如下。

1. 类似于在 Adobe Bridge 中浏览效果预设，打开 Adobe Bridge 后，进入【Sprites – Animated】文件夹，选择【螺旋形 .ffx】（或其他形状预设），双击它（图 3.16）。

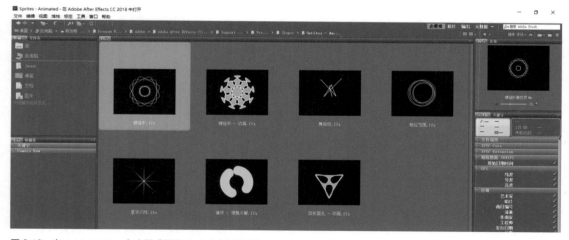

图 3.16 在 Adobe Bridge 中选择【螺旋形 .ffx】形状预设

2. 在 Adobe Bridge 中双击【螺旋形 .ffx】形状预设后，如果它没有被自动添加到当前合成中，你可以先返回到 After Effects 中，再从效果和预设面板中找到并双击应用它。

After Effects 会把形状预设作为一个形状图层添加到合成中（图 3.17）。

图 3.17　把【螺旋形】形状预设添加到合成中

3.8　使用 Lumetri 颜色

过去，在 After Effects 中校色需要你熟悉传统的视频校色工具，或者会用类似 Photoshop 中的曲线等调色工具。最近，Adobe 为 After Effects 添加了一套易学易用的颜色控件，如果你用过 Adobe Lightroom 或 Adobe Camera Raw，那你肯定会对这套控件很熟悉，这套工具称为 "Lumetri 颜色"。

Lumetri 颜色中的各个选项与照片编辑程序中的选项类似。另外，Lumetri 颜色支持 GPU 加速，如果你的计算机中安装有兼容的显卡，那么使用 Lumetri 颜色做校正时，其渲染速度会比使用旧的不支持 GPU 加速的 After Effects 校色功能快得多。

使用 Lumetri 颜色校色步骤如下。

1. 在效果和预设面板中使用搜索功能，或者在【颜色校正】效果组中找到 Lumetri 颜色。

2. 把 Lumetri 颜色拖入时间轴面板中，并在想校色的图层上释放鼠标（图 3.18）。

3. 在效果控件面板中，根据需要，调整 Lumetri 颜色的各个属性。

接下来快速了解一下 Lumetri 颜色中一些常用的设置。

★ ACA 考试目标 2.1

提示

如何知道一个效果是否支持 GPU 加速？首先在效果和预设面板中找到相关效果，然后查看效果名称左侧是否有 GPU 加速图标．

图 3.18 应用到图层上的 Lumetri 颜色

图 3.19 Lumetri 颜色下【基本校正】属性

认识 Lumetri 颜色的各个属性

在 Lumetri 颜色的诸多属性中，基本属性选项在前，高级属性选项在后。如果你刚开始学习 Lumetri 颜色，你可以先从基本属性选项学起，当你掌握了更多有关校色与分级的内容之后，再学习使用那些高级选项。

了解【基本校正】属性

如果你用过 Adobe Lightroom 或 Adobe Camera Raw 中的基本颜色控件，那你肯定会对 Lumetri 颜色中的【基本校正】属性很熟悉。如果你是初学者，建议你先掌握这些【基本校正】属性（图 3.19）。在传统的专业视频校色中，通常会使用一套更复杂的校色工具。

通常，你可以从 Lumetri 颜色属性列表的顶部开始，依次向下调整各个属性。

- 输入 LUT：这个属性用来调整视频画面的整体效果。使用摄像机录制视频时，你可能偏爱某种摄像机录制出的画面风格。在高级摄像机中，为了方便后期做颜色分级，有些视频录制模式对动态范围做了优化，导致录制的视频画面看上去比较灰暗，像褪了色一样。此时，你可以根据摄像模式应用 LUT，让视频画面更真实、自然，方便后续校色和做颜色分级处理。

- 白平衡选择器、色温、色调：这组属性用来调整白平衡和纠正画面色偏。当画面的白平衡不准确时，我们会觉得画面有明显的偏色现象。例如，画面偏暖意味着画面的颜色偏黄。【色温】用来调整画面偏蓝还是偏黄；【色调】用来控制画面偏绿还是偏洋红。使用【白平衡选择器】可以帮助我们快速设置白平衡，只要使用吸管单击画面中的某个地方即可。

- 曝光度：控制画面的整体明亮程度。

- 对比度：控制画面亮部区域与暗部区域的反差。该对比度效果会集中应用到画面的中间调上，这点可能与其他应用程序不同。

- 高光：这个属性用来控制画面高光区域的细节层次。例如，在光比较亮的阴天场景中，降低【高光】值可以找回高光区域的大量细节。

- 阴影：该属性用来控制暗部区域的细节层次。例如，一个场景中有一些很暗的树，提高【阴影】值，可以把树木的更多细节显示出来。

- 白色：设置高光剪切级别，被剪切掉的高光是纯白的（无细节）。

- 黑色：设置阴影剪切级别，被剪切掉的阴影是纯黑的（无细节）。

- 饱和度：该属性用来控制颜色的鲜艳程度。增加这个值，颜色会变得非常鲜艳，但注意不要调过头了，否则会显得不自然。

注意

只有选择了 HDR 视频时，【HDR 白色】与【HDR 高光】属性才可用。本章中用到的视频剪辑都不是 HDR 视频。

颜色校正与颜色分级有何区别

颜色校正指的是调整图像的颜色、曝光、对比度，以实现色彩平衡，使画面保持在最佳色调范围内。例如，当画面显得太绿或太暗时，你可以通过颜色校正来解决这个问题。

颜色分级是指对画面做某种创意性的调整，从而使画面呈现出某种氛围和视觉感受。例如，把画面调得暗一些、偏蓝一些，就能营造出一种清晨或月夜的感觉；而降低画面饱和度之后，暖暖的色调则暗示当前是一个过去的场景。

认识【创意】属性组

做完颜色校正之后，接下来，你可以继续做创意性调整或颜色分级。虽然你可以通过应用其他颜色效果或者对基本校正做进一步调整来创建一个自定义外观，但是通过使用【创意】属性组中的各个选项，你可以做更多调整（图 3.20）。

- Look（外观）：你可以从【Look】下拉列表框中选择一种视觉风格，并将其应用到指定的图层上。这些视觉效果主要用来为

图 3.20　Lumetri 颜色下的【创意】属性组

画面营造某种氛围或感觉，所以这个属性你不一定非得使用。例如，你可能不想在一段教学视频上应用任何视觉效果。有很多视觉效果模拟的是老式影片效果或颜色滤镜效果。

- 强度：该属性用来调整【Look】效果的强弱。例如，在应用了某个【Look】效果之后，如果你觉得效果太强了，可以降低一下【强度】值，把效果稍微削弱一些。

- 调整：使用【调整】属性组中的属性，你可以对图层进一步做创意性调整。你可以把调整应用到一个【Look】效果上，也可以单独用它们调整视频画面。也就是说，即使不应用某个外观，你也可以使用【调整】属性组中的各种属性调整画面。

- 淡化胶片：如果你想让一段视频看起来有点年代感，可以尝试增加这个属性的值。

- 锐化：如果视频画面看上去不够清晰，你可以尝试增加【锐化】的值。

- 自然饱和度：【自然饱和度】与【饱和度】属性类似，两者的区别在于，当颜色接近最大饱和度时，【自然饱和度】可以防止出现颜色剪切问题，保护颜色不至于过度饱和。因此，比起调整【饱和度】，调整【自然饱和度】往往能够获得更好的效果。

- 饱和度：调整图层颜色的强度。你可能已经注意到了，在【基本校正】属性组中也有一个【饱和度】属性，那里的【饱和度】属性用来做颜色校正，而这里的【饱和度】属性用来做颜色分级。

- 分离色调：有些创意效果或颜色分级依靠不同的高光颜色与阴影颜色来营造。通过【分离色调】属性，你可以分别调整高光颜色和阴影颜色。

- 曲线：通过曲线，我们可以调整图层色调某个特定范围内的对比度。如果你用过 Photoshop，那你肯定在 Photoshop 中也见过曲线，它们的功能都是一样的。

■ 晕影：当你想把画面的 4 个角与边缘压暗时，你可以使用【晕影】属性。

3.9　应用闪电动画预设

前面我们已经应用过许多效果了，编辑这些效果时，我们都是在效果控件面板或时间轴面板中通过更改相关属性值来实现的。下面将通过一个案例向大家介绍一种不同的效果，这个效果本身带有交互式控件。通过这些交互式控件，你可以直接调整效果，并不需要修改什么属性值。

After Effects 中有多种闪电效果预设可以使用。这里，我们选用的是【闪电 - 水平】动画预设，它是基于【Advanced Lightning】预设创建的。

应用【闪电 - 水平】动画预设步骤如下。

1. 把当前时间指示器移动到闪电动画开始的位置。这里应该是人物摘下眼镜并开始盯着西瓜看的时候。

2. 从菜单栏中依次选择【图层】>【新建】>【纯色】命令，设置名称为【Lightning】，单击【确定】按钮，使用默认设置创建一个纯色图层。

3. 在效果和预设面板中，在【动画预设】>【Synthetics】效果组之下，找到【闪电 - 水平】动画预设。

4. 把【闪电 - 水平】动画预设从【效果和预设】面板拖动到刚刚创建的【Lightning】纯色图层之上。

在效果控件面板或时间轴面板中，你可以看到【闪电 - 水平】动画预设是基于【Advanced Lightning】预设创建出来的（图 3.21）。

现在播放合成，你会发现闪电效果与人物面部、西瓜的相对位置不合适，因此我们可以使用交互式控件进行调整。

通过可视化方式调整【闪电 - 水平】动画预设，步骤如下。

1. 在效果控件面板中，展开【Advanced Lightning】预设属性。

请注意，在【源点】和【方向】属性值的左侧各有一个位置图标，接下来我们会用到它们。

★ ACA 考试目标 4.6

提示

请记住，不论何时，你都可以使用【效果和预设】面板顶部的搜索文本框来查找要使用的效果。

图 3.21　把【闪电 - 水平】动画预设应用到一个图层上，尚未做调整

2．在效果控件面板中，单击【源点】属性的位置图标。

此时，在合成面板中出现十字线，代表交互式位置控件已经激活，并以可视化方式表示属性的当前位置。

3．在合成面板中，单击闪电开始的位置，这里是人物的一只眼睛。

单击十字线后，在十字线交叉处，能够看到一个带圆圈的红色十字图标⊕。拖动带圆圈的红色十字图标，可随时重新调整闪电效果【源点】属性的位置值。

4．在效果控件面板中，单击【方向】属性的位置图标。

5．在合成面板中，单击闪电结束的位置，这里是西瓜。如果位置不太准确，你可以拖动带圆圈的红色十字图标，重新调整闪电结束的位置（图 3.22）。

接下来，你可以使用前面学过的技术来增强闪电效果，方法如下。

- 为【方向】属性添加关键帧，制作动画，让闪电从人物眼睛中射出，然后向外延伸，直到击中西瓜。
- 单击【发光颜色】属性中的颜色框，从拾色器中选择另外一种颜色。
- 复制【Lightning】图层，并调整新图层的【源点】和【方向】属性，使两道闪电从人物的两只眼睛中射出。

提示

除了使用交互式控件调整闪电的【源点】和【方向】属性之外，你还可以在效果控件面板中直接输入或拖动属性值进行更改。

方向位置图标　源点位置图标

图 3.22　拖动带圆圈的红色十字图标调整方向

3.10　导出合成

对于一个合成，只有确保它能按照你的期望导出，这个合成才算制作完成。接下来，我们把前面制作的合成进行导出。

第 2 章中我们已经导出过合成，并介绍了导出合成时需要调整的一些选项。下面我们对一些选项做详细讲解。

★ ACA 考试目标 1.4

★ ACA 考试目标 5.1

★ ACA 考试目标 5.2

3.10.1　帧大小

在【导出设置】对话框的【视频】选项卡中，【宽度】和【高度】选项用来设置视频导出时的帧大小，单位是像素。

许多情况下，【宽度】与【高度】和你想导出的合成的帧大小是一致的，但是你也可以根据需要自行修改。例如，你可以创建一个 UHD 4K（3840 像素×2160 像素）大小的合成，然后分别以 2K 1080P（1920 像素×1080 像素）或 720P（1280 像素×720 像素）进行导出。

当导出时的帧大小与合成的帧大小不一致时，你要确保导出帧的长宽比与合成帧的长宽比一样，这样导出的帧才不会失真。

3.10.2　帧长宽比

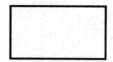

帧的长宽比指的是帧的宽度与高度的比例，也就是视频画面的宽度与高度之比（图 3.23）。

目前，高清电视使用的帧长宽比一般都是 16 ∶ 9，即画面宽度为 16 个单位，高度为 9 个单位。如果你想保持帧的长宽比不变，你只要保证帧的宽度和高度的比值是 1.78（16/9）即可。例如，有一段视频的帧大小为 1920px × 1080px，由于 1920 与 1080 的比值是 1.78，所以这段视频的画面长宽比就是 16 ∶ 9。

旧的标清电视使用的是 4 ∶ 3 的长宽比。目前使用这种画面长宽比的设备已经很少见了，但有些设备仍然在使用，所以有时你还是需要为这样的设备设计和导出视频。

图 3.23　几种常见的画面长宽比

画面长宽比为 1 ∶ 1，代表画面的宽度和高度是一样的，也就是说画面是正方形的。画面是正方形的视频不多见，但在一些社交媒体网站上，你仍然可以看到它们。

当合成的长宽比与导出合成时指定的长宽比不一致时，画面中的空白区域就会被填充上黑色。如果你不希望画面中出现这样的黑条，在导出合成之前，请检查合成的长宽比与导出设置中的【宽度】【高度】，确保它们保持一致。

3.10.3　音频选项

与导出视频时一样，许多情况下，音频导出设置都是由你选择的预设决定的，所以一般你不需要考虑它们。但是，了解一下音频导出设置的基本知识还是有好处的。下面主要介绍一下音频的两个设置。

- 采样速率：音频采样速率指在将音频数字化的过程中一秒钟内对声音信号的采样次数。采样速率工作方式类似于视频帧的分辨率，每秒采样次数越多，数字表示越精细，声音质量越高。最常用的两个采样速率是 48000Hz 与 44100Hz，通常表示为 48kHz 与 44.1kHz。
- 比特率：比特率指每秒传输的音频数据的比特数。与视频比特率类似，音频比特率越高，所得到的音频质量越高，同时文件大小也越大，需要的传输带宽就越大。但是，请记住，与画面相

比，音频在整个视频文件大小中占比相对
较小。

到底应该怎样设置视频与音频导出参数呢？
这与设置合成的参数一样，请根据客户提出的交
付要求进行设置。如果某个预设合乎你的要求，
请直接选择这个预设，它会自动为你设置好视频
和音频导出选项（图 3.24）。

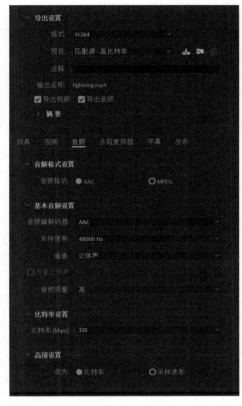

图 3.24 音频导出选项

3.11 深入了解工作区

自定义工作区可以帮助你高效地使用 After
Effects 完成工作。本部分我们将一起深入了解一
下 After Effects 中的工作区。

在第 1 章中，我们已经讲解过有关工作区的
基础知识，这里我们再次回顾一下，并对相关知
识做进一步讲解。经过前面的学习，相信下面这
些操作你应该已经掌握了。

- 打开当前不可见的面板。
- 调整面板大小。
- 使用停靠操作重排面板。
- 把面板放入不同面板组中。
- 恢复上一次保存的工作区。
- 选择不同工作区。

请自行尝试和练习选择、调整、保存、恢复工作区，并记住如何使
用拖放操作来控制面板放置的位置。

如果你还没有用过工具面板右侧的工作区栏（图 3.25），那我们有必
要花点时间来详细了解一下。工作区栏中的各个选项是【窗口】菜单中
【工作区】子菜单中各个命令的快捷访问方式，它们可以一直显示在主程
序窗口界面中。按照如下步骤使用工作区栏。

1. 若工作区栏未在主程序窗口中显示出来，请从【窗口】菜单中选
择【工作区】子菜单。

工作区栏　　　　溢出菜单

当前工作区高亮显示　　　　面板菜单

图 3.25 工作区栏

2．在工作区栏中，单击某个工作区名称，即可切换到相应工作区之下。

当工作区有很多个，无法在工作区栏中全部放下时，单击双箭头图标，从弹出列表中单击某个工作区名称即可。

在【编辑工作区】对话框中，可以编辑工作区栏，步骤如下。

1．执行如下操作之一，打开【编辑工作区】对话框。

- 在工作区栏中，单击溢出菜单（双箭头图标），从弹出列表中选择【编辑工作区】命令。
- 在工作区栏中，打开当前工作区名称右侧的面板菜单，选择【编辑工作区】命令。
- 从菜单栏中依次选择【窗口】>【工作区】>【编辑工作区】命令。

2．在【编辑工作区】对话框（图 3.26）中，可以拖动工作区名称，按照你希望的方式显示它们。

图 3.26 【编辑工作区】对话框

- 把工作区名称向上或向下拖动，可以改变它们的显示顺序。例如，你可以把最常用的工作区放到列表的最上方，这些工作区就会显示在工作区栏的最前面。
- 把某个工作区拖入【栏】列表中，即可将其在工作区栏中显示出来。
- 把某个工作区拖入【溢出菜单】列表中，可将其放在溢出菜单中。
- 把某个工作区拖入【不显示】列表中，则这个工作区既不会出现在工作区栏中，也不会出现在溢出菜单中。

3. 单击【确定】按钮。

4. 你可以自己创建工作区，然后将其添加到工作区列表中。

创建工作区步骤如下。

1. 通过显示或隐藏面板，只把那些你喜欢使用的面板显示出来。

2. 根据需要排列面板。

3. 从菜单栏中依次选择【窗口】>【工作区】>【另存为新工作区】命令。

4. 在【新建工作区】对话框中，输入工作区名称，单击【确定】按钮。

此时，新创建的工作区被添加到工作区列表中，你可以像管理其他工作区一样管理它。

提示

当【编辑工作区】对话框中无法同时显示所有工作区时，除了拖动右侧的滚动条之外，你还可以拖动对话框的边框把对话框放大一些。

3.12　课后题

到这里，我们已经尝试使用过大量效果和效果预设了，请自己多做一些尝试。打开第 1 章或第 2 章中的项目，然后多尝试使用一些效果预设和动画预设，把项目做得更漂亮一些。

本章目标

学习目标

- 重新链接丢失的文件
- 使用代理提高编辑响应速度
- 导入图像序列
- 预合成图层
- 使用【时间重映射】操控播放速度,包括倒放
- 向一个图层应用多个效果并管理
- 为一个图层生成运动跟踪关键帧并使用它们控制另一个图层的运动
- 创建空对象并将其用作运动跟踪的父对象
- 创建轨道遮罩
- 使用【收集文件】将项目存档
- 同时导出多个合成

ACA 考试目标

- 考试范围 1.0
在视觉效果和动画行业工作
1.3
- 考试范围 2.0
项目创建与用户界面
2.1,2.4
- 考试范围 3.0
组织视频项目
3.2
- 考试范围 4.0
创建和调整视觉元素
4.2,4.4,4.5,4.6
- 考试范围 5.0
发布数字媒体
5.2

第 4 章

时间重映射与跟踪

在视频制作中，高效地制作一组相关视频成为一项非常重要的技能。本章中，我们将学习几种制作成组视频的技术，同时制作几个介绍体育运动的宣传片，用来上传到社交媒体中。其中，每个宣传片介绍一种不同的体育运动。

制作极限运动视频集锦最大的困难是，精彩瞬间太短暂，在视频画面中一闪即过，观众很难看清楚。本章我们会介绍几种处理精彩瞬间的方法，包括放慢时间、凝固瞬间、重复瞬间，以及使用运动跟踪凸显视频帧中的某个关键部分。

4.1 制作标志

本章中，我们将一起创建一组简短的宣传片，这些视频与社交媒体中常见的开场视频相似。创建这些视频时，我们会使用 1：1（正方形）的画面长宽比，这个尺寸在一些社交媒体平台中常用。

★ ACA 考试目标 2.4

我们要制作的 3 个视频采用的整体设计是一致的（图 4.1），但是我们针对每个视频分别用不同的方式做了一些修改。这样做一方面可以重复使用已经制作好的动画，另一方面，借修改的机会也可以向大家介绍一些常见技术。掌握这些技术有助于我们提高工作效率，帮你高效完成整个制作项目。

图 4.1 本章要制作的
3 个极限运动介绍视频

4.1.1 创建项目

首先创建一个项目，并导入所需素材。

1．使用前面学过的任意一种方法，新建一个 sports action 项目。

2．从【ch4】文件夹中找到 3 个视频文件，把它们导入 After Effects 的项目面板中。

创建项目时，注意把文件组织得有条理。你可以把 3 个视频文件分别放到项目面板各自的文件夹中，也可以把它们放在一起。这里，我们把它们放入一个名为【Media】的文件夹中。

注意

如果你想通过拖放方式把 3 个视频文件放到项目面板中，拖动之前，请先确保项目面板在 After Effects 中处于打开状态。

3．选择任意一个视频剪辑，你可以在项目面板顶部看到这个视频文件的相关信息。使用同样方法，查看另外两个视频文件的信息（图 4.2）。

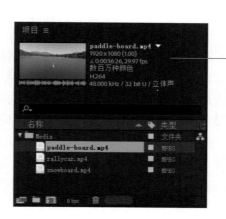

—— 预览区域显示所选视频的相关信息

图 4.2 导入项目中的
视频剪辑

4．把项目命名为【sports action】，并保存到【ch4】文件夹中。

4.1.2　修剪素材

在第 3 章的"修剪视频素材"部分，我们学习了如何在素材面板中通过设置入点和出点来指定素材的持续时间。

下面我们对刚刚导入的 3 个视频文件做同样的处理。这里我们要制作的介绍视频很短，总长度不超过 5 秒。在这 3 段视频素材中，其中 paddle-board.mp4 与 snowboard.mp4 两段视频完全满足需要，但是 rallycar.mp4 剪辑最精彩的部分不到 2 秒。为了解决这个问题，我们先把 rallycar.mp4 素材中最精彩的部分剪出来，然后再将其放慢，这样总持续时间就会增加，并且能够轻松达到 5 秒。

参考如下步骤，在素材面板中修剪视频。

1．在项目面板中，双击某个视频素材，将其在素材面板中打开。

2．在素材面板中，拖动当前时间指示器，并分别单击【将入点设置为当前时间】和【将出点设置为当前时间】按钮，设置好入点和出点，指定视频素材的持续时间（图 4.3）。

入点　　　　　　　出点

图 4.3　在素材面板中修剪视频

3．改变当前时间时，你可以直接拖动时间标尺中的当前时间指示器，也可以直接在面板底部的【预览时间】文本框中输入时间值。

4．在素材面板中修剪素材后，时间标尺上会显示一个颜色条，它代表的是修剪后的持续时间，准确持续时间显示在三角形图标△右侧。

5．拖动时间标尺上的颜色条，改变其位置。

6．重新设置入点或出点，或者拖动颜色条左右两端，更改持续时间的长度。

修剪素材时，最好让修剪后的时长略长于你需要的时长。

4.2　重新链接丢失文件

★ ACA 考试目标 2.4

第 1 章提到把文件导入 After Effects 项目时并不是将其复制到项目中，After Effects 只保存导入文件所在的文件夹路径，当浏览文件时再读取文件。我们还讲到当你把文件移动到另外一个文件夹或硬盘中时，After Effects 就会丢失这个文件。

向 After Effects 导入文件时，应该注意如下几点。

- 在把文件导入 After Effects 之前，请确保存储这个文件的文件夹在整个项目制作期间位置保持不动。请不要直接从相机的存储卡或其他外部存储媒介上导入文件，而应该先把这些文件复制到本地硬盘中，再从本地硬盘把文件导入 After Effects 中。
- 把文件导入 After Effects 后，更改文件名称也会导致链接失效，因为文件名也是 After Effects 所保存的文件路径的一部分。如果你想修改文件名称，那最好在把文件导入 After Effects 项目之前就修改它。
- 在把文件导入 After Effects 后，如果文件位置发生了变动，你要么把文件移回原来的位置，要么重新链接文件，否则 After Effects 会找不到文件。

4.2.1　移动文件位置导致文件丢失

下面我们尝试移动一下文件的位置，看看 After Effects 是否会丢失文件的链接。具体步骤如下。

1．前面我们已经向 sports action 项目中导入了 3 个视频文件。在【ch4】文件夹下，新建一个名为【Sport Clips】的文件夹，把任意一个视频文件移入这个文件夹中。

2．返回 After Effects 中，此时 After Effects 会显示一个警告对话框，指出有一个文件无法找到，同时显示该丢失文件原来所在的文件夹路径。

3．单击【确定】按钮，关闭警告对话框。当你试图查看或预览丢失文件时，你会看到布满彩色条的图像（图 4.4）。另外，在项目面板中，丢失文件的名称也以斜体显示。

预览画面

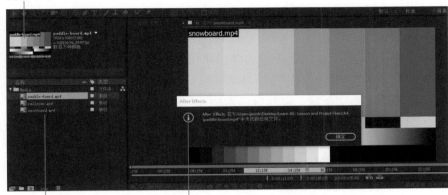

文件名以斜体显示　　　　警告信息

图 4.4　丢失文件警告与斜体显示文件名

4.2.2　重新链接丢失文件

在视频编辑（如 After Effects）、网页设计、页面排版程序中，链接文件（非嵌入文件）这种方式很常用。我们不仅要知道为什么会丢失文件，还要知道如何找回丢失文件。

重新链接丢失文件的步骤如下。

1．在项目面板中，选中丢失文件。然后，从菜单栏中依次选择【文件】>【替换素材】>【文件】命令，打开【替换素材文件】对话框。

2．在【替换素材文件】对话框中，在新位置下找到丢失文件，选择丢失文件。

3．单击【导入】（Windows）或【打开】（macOS）按钮。

此时，After Effects 会更新丢失文件的链接。如果同一个文件夹中还有其他丢失文件，这些文件的路径也会一起更新。

如果有一些丢失文件存储在其他文件夹中或者更改了文件名，则需要重新链接它们，直到找到所有文件。

提示

更新链接的另外一种方法是，在项目面板中双击丢失文件。

4.3　使用代理加快处理速度

处理视觉效果要求计算机系统，特别是 CPU、显卡、内存有很高的性能。在项目的制作过程中，随着时间的推移，项目会变得越来越复杂，在不事先渲染的情况下，一台普通计算机可能无法流畅地播放视频项目。尤其是在编辑 4K 视频时，这个问题会变得更加严重，因为即使是使用昂贵的高性能计算机，编辑 4K 视频也绝非易事。

为了解决这个问题，After Effects 为我们提供了代理功能。在 After Effects 中，你可以为一段视频素材创建代理（一个简单副本），以便流畅播放它。编辑时，使用节目面板切换到代理进行快速编辑，编辑完成后，再切换回原始视频，以获取最大图像质量。

当原始视频的数据速率大大超出了计算机的处理能力时，就应该使用代理。因此，即使在性能强劲的计算机上编辑 4K 视频时，一般也要使用代理。而在性能一般的计算机上，即使编辑 2K（1080P）视频，最好也使用代理，它可以确保整个编辑流程的流畅性。

在从代理重新切换回原始视频时，你在代理上做的所有编辑都会被应用到拥有全分辨率的原始视频上。导出时，After Effects 会自动使用原始高质量的视频。但如果你只需要一个草稿供审查使用，那你大可使用代理直接导出。

就像对待项目中用到的其他素材文件一样，你应该好好地管理代理文件，明确代理文件存放的位置，这样你不仅可以快速地重新链接它们，而且在编辑完项目之后，你也可以轻松地删除它们。

代理工作流

你可能很困惑：为什么 2K（1080P）或 4K 视频在一部手机或一个普通的电视机顶盒中可以流畅地播放，而在视频编辑程序制作时却很难做到流畅地播放？这是因为播放已经制作好的视频文件并不难，但是在编辑视频的过程中，时间轴中放满了各种剪辑，编辑与预览未渲染的效果需要占用计算机大量的资源和处理能力，尤其是当你添加多个轨道、过渡和效果时，渲染显示每个视频帧所需要的计算量会更大。

为了解决这个问题，你可以使用代理工作流。使用代理可以加快处理速度，但代理的数据速率一般比较低，因此画面质量比不上原始视频。设置代理质量时，应该选择一个合适的级别，确保你可以流畅地排列各个剪辑、编辑时间和转场。在处理细节、校正颜色或做颜色分级时，你可以轻松地从代理切换回原始视频。

在项目编辑过程中，当编辑延迟增加，无法实现流畅播放，并且你的系统也已发挥了最大性能时，你可以使用代理来降低编辑延迟，甚至实现实时播放。

请注意，创建代理并不能保证编辑和播放在任何情况下都流畅。有时添加的轨道、转场、效果实在太多了，再加上处理代理的负担导致视频无法流畅播放，这样的情况在性能一般的计算机上更加常见。遇到这种情况时，请多尝试几个不同的代理格式和预设，并从中找出最适合你的计算机的那个。你使用的计算机性能越差，创建代理时就越应该把比特率设置得低一些、帧尺寸设置得小一些，并且应该选用 CPU 负担更小的编码器。

4.3.1 创建代理的准备工作

创建代理之前，需要先考虑如下一些事情。

- 你想把代理存在何处？存放代理的文件夹应该与存放源素材的文件夹不同，而且在项目编辑期间这个文件夹应该总是可以访问的。例如，你可以在项目文件夹中（注意，不是在项目面板中）专门创建一个代理文件夹，用来存放代理文件。

- 如何创建代理？你可以在 After Effects 的渲染队列中创建代理，也可以在 Adobe Media Encoder 中创建代理，后者操作起来会更容易。

- 代理应该采用哪种形式？创建代理的目的在于降低计算机要处理的信息量，所以在为代理做渲染设置时，要确保生成的文件比原始文件有着更低的播放比特率、更小的帧大小。导出之前，你应该知道在哪里调整这些设置。更多细节，请阅读本章后续的“在 Adobe Media Encoder 中创建代理”部分。

你可以在 After Effects 中创建代理，也可以在 Adobe Media Encoder 中创建代理，你觉得哪种方式更方便就选哪种。如果你还想为 Premiere Pro 创建代理，那你应该在 Adobe Media Encoder 中渲染它们，因为你可以创建一个适用于两个程序的 Media Encoder 代理预设。而且，在 Adobe Media Encoder 中调整代理设置会更容易。

4.3.2　使用渲染队列创建代理

在 After Effects 中，你可以使用渲染队列来创建代理。

具体步骤如下。

1．在项目面板中，选择一个视频素材。这里，我们选择 paddle-board.mp4。

2．从菜单栏中依次选择【文件】>【创建代理】>【影片】命令。

3．若弹出对话框，询问你把代理保存到何处，请转到保存代理的文件夹中，然后单击【保存】按钮。

提示

代理文件最好保存到另外一个文件夹中，不要将其和源素材文件放在同一个文件夹中。并且，在为代理文件命名时，要选择一个合适的名字，让人们一看就知道它们是代理文件，而不是源素材文件。

这里，我们在【ch4】文件夹中新建一个名为【Proxies】的文件夹，并把代理文件保存到其中。在渲染之前，你随时可以单击【输出到】右侧的蓝色文字，在弹出的对话框中设置文件名和保存位置。

此时，渲染队列面板应该在程序窗口底部显示出来，其中包含一个新的渲染任务，它就是我们即将创建的代理。渲染队列面板中的各个控制选项我们已经在第 1 章介绍过。

请注意，在渲染队列面板中，代理的【渲染设置】默认为【草图设置】。你可以单击【草图设置】文字，在【渲染设置】对话框中进行修改。把代理品质设置为【草图】时，代理的分辨率会降低，所以代理的【渲染设置】一般默认都是【草图设置】。

提示

在渲染队列中，对于那些尚未渲染的任务项，在渲染之前，你可以随时修改它们的设置。

4．单击【输出模块】右侧的蓝色文字。

在弹出的【输出模块设置】对话框（图 4.5）中，【渲染后动作】默认设置为【设置代理】。这样，在渲染完成之后，After Effects 会自动把渲染后的文件设置成项目中的代理。

5．在【格式】下拉列表框中，选择一种视频格式，比如 AVI（Windows）或 QuickTime（macOS）。

6．勾选【视频输出】复选框，然后单击【格式选项】按钮。

7．在弹出的【格式选项】对话框中，从【视频编解码器】下拉列表框中，选择一种编解码器。在第 5 步中选择不同的视频格式后，可用的编解码器也不一样。

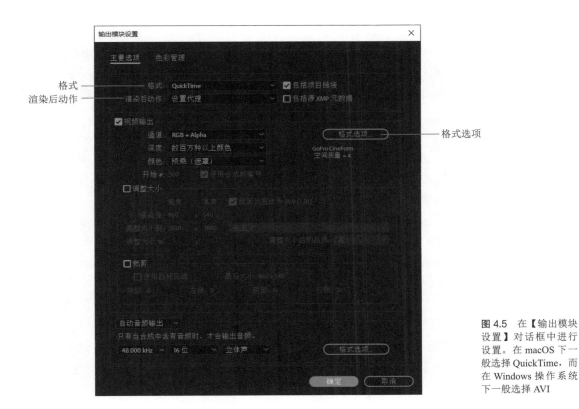

图 4.5　在【输出模块设置】对话框中进行设置。在 macOS 下一般选择 QuickTime，而在 Windows 操作系统下一般选择 AVI

8．为【品质】和【比特率】指定一个较低的值。在上一步中选择的编解码器不同，此处可用的选项也不同。

9．单击【确定】按钮，关闭【格式选项】对话框。然后单击【确定】按钮，关闭【输出模块设置】对话框。

10．在【渲染队列】面板中，单击【渲染】按钮。

11．渲染完毕后，查看代理文件的大小。如果代理文件的尺寸比源素材文件没小多少，把代理文件删除，再次尝试在【格式选项】对话框中把【品质】和【比特率】的值进一步降低，必要时还可以选择其他格式或编解码器。

提示

减小文件大小时，通常降低文件【品质】或【比特率】的值要比减小帧尺寸有效得多。

提示

在 After Effects 中，另外一种创建代理的方法是，使用鼠标右键（Windows）或按住 Control 键（macOS），单击视频素材，然后在弹出菜单中，依次选择【创建代理】>【影片】命令。

提示

在【输出模块设置】对话框中为代理做好设置（这些设置可以确保创建出的代理能够流畅地播放）之后，你可以把这些设置保存为模板。关闭【输出模块设置】对话框，返回到渲染队列面板中，单击【输出模块】右侧的向下箭头，从弹出菜单中，选择【创建模板】命令，保存当前输出模块的设置，方便以后选用。

文件大小和数据速率

视频和图像文件有可能会非常大，因此，你应该准确了解和估计存储需求，以便准备足够的存储空间。但是，一个文件到底需要多大存储空间，有时真的不太容易搞清楚。

造成这种局面通常是因为我们搞不明白数据大小的各种度量单位。例如，有人经常会把"兆比特"（megabit）和"兆字节"（megabyte）搞混。如果你不小心把 20 兆比特说成了 20 兆字节，那你其实是把尺寸过分夸大了，因为 1 字节等于 8 比特。

同样的问题也出现在单位的缩写上。例如，Mbit 代表的是 megabit，而 MB 代表的是 megabyte，当你不小心写错了大小写时，就可能会造成混乱，并导致错误发生。因此，请你一定要正确使用单位术语及其缩写形式。

如果你不能确定某个表示数据大小的术语或定义的意思，那你可以通过搜索引擎查找一些好用的计算器。例如，你可以轻松找到一个线上文件大小计算器，它会告诉 6 吉比特（gigabits）是多少兆字节（megabytes）。

编辑视频时，更容易产生混淆，不同地方可能会使用不同的单位。例如，文件大小的常用单位是"字节"（如一个大小为 50 兆字节的视频文件），而视频播放的数据速率常用"比特"为单位（如在【导出】对话框中，你可以把数据速率设置为每秒 16 兆比特）。

对于相邻度量单位之间的量级关系，有人说是 1000，有人说是 1024。例如，有人说 1 兆字节等于 1000 千字节，另外一些人说 1 兆字节等于 1024 千字节。后一种说法使用的不是十进制单位，而是二进制单位进行计数。

总结如下。

1 字节（B）= 8 比特（bit）

1 千字节（KB）=1000（或 1024）字节（B）

1 兆字节（MB）= 1000（或 1024）千字节（KB）

1 吉字节（GB）=1000（或 1024）兆字节（MB）

1 太字节（TB）=1000（或 1024）吉字节（GB）

4.3.3 在 Adobe Media Encoder 中创建代理

在 Adobe Media Encoder 中创建代理的步骤如下。

1. 执行如下操作之一，把视频文件导入 Adobe Media Encoder 中。

- 直接把视频文件拖入 Adobe Media Encoder 的队列面板中。

- 在 Adobe Media Encoder 中，依次选择【文件】>【添加源】命令，选择要导入的视频文件，然后单击【打开】按钮。

2. 在队列面板中，在刚导入的视频文件下，单击【预设】列下的蓝色文字，打开【导出设置】对话框（图 4.6）。

【视频】选项卡下包含基本视频设置。有些格式还提供编码设置和比特率设置　　格式

图 4.6【导出设置】对话框

3. 从【格式】下拉列表框中，选择一种格式。

设置代理格式时，常见的选择有 GoPro CineForm、DNxHD、Apple ProRes 422（Proxy）、H.264。对于这些格式，你可以挨个尝试一下，并从中找出最适合你的计算机配置的格式。有些编解码器可以轻松在你的计算机上运行（这是创建代理的意义所在），但是创建的文件大小却比源素材文件还大。有些编解码器可以创建出大小很小的文件，但是却会给计算机带来很大的负担。选择格式和编解码器时，应该确保最终产生的代理文件在编辑时的延迟要比直接使用源素材文件小，否则这个代理就失去了意义。

4．单击【视频】选项卡，若有【视频编解码器】复选框，请勾选它。

5．在【基本视频设置】中，减小【宽度】和【高度】值，同时要保持源视频素材的长宽比。如果可以，你还可以降低【品质】值。

6．在【比特率设置】中，指定一个比源素材小得多的比特率。如果你不知道该输入多少，可以尝试把比特率设置在每秒 5 ～ 8 兆比特（5 ～ 8Mbit/s）。

7．在【导出设置】对话框底部的【估计文件大小】选项中，查看一下文件大小。如果【估计文件大小】选项中显示的文件大小比源视频素材小，那自然好。但有时，有些编解码器生成的文件会比源素材文件还大，可播放起来会非常流畅，因为文件压缩得更少。

8．单击【确定】按钮，关闭【导出设置】对话框。返回到 Adobe Media Encoder，在队列面板中，单击【输出文件】列下的蓝色文字，检查文件夹和文件名是否都正确。

9．单击队列面板右上角的【启动队列】按钮▶。

创建好代理文件之后，我们还需要在 After Effects 中手动把代理文件与原始文件关联起来，这样它才能成为名副其实的"代理"。

4.3.4　把代理文件与原始文件关联起来

在另外的程序（如 Adobe Media Encoder）中创建好代理文件之后，我们还需要在 After Effects 项目中把代理文件与原始文件关联起来。这样在编辑过程中，我们才能轻松地在它们之间进行切换。

关联文件操作步骤如下。

1．在项目面板中，选择原始文件，从菜单栏中依次选择【文件】>【设置代理】>【文件】命令。

2．在【设置代理文件】对话框中，找到前面创建好的代理文件，然后单击【导入】（Windows）或【打开】（macOS）按钮即可。

4.3.5 在 Adobe Media Encoder 中创建代理预设

你可以在 Adobe Media Encoder 中事先创建代理预设。这样，创建代理时，你只需要选择一个已经创建好的预设即可，不必再手动设置各个选项。

提示

一般来说，代理文件的尺寸会比原始文件小一些，但这不是最重要的。最重要的是，在编辑期间，使用代理文件能够实现流畅地播放。

4.3.6 在编辑期间管理代理

如果你已经设置好了代理，那么在项目面板中，你会看到相应的提示，在原始文件名的左侧会出现一个正方形图标（图 4.7）。若正方形内部是中空的，则表示当前使用的是原始文件；若正方形内部有一个实心正方形，则表示当前使用的是代理文件。

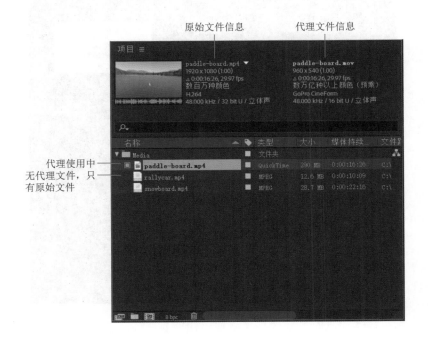

图 4.7 代理指示图标

在原始文件和代理文件之间切换的方法如下。

- 在项目面板中，单击文件名左侧的正方形图标。

4.3.7　在渲染队列输出期间管理代理

在 Adobe Media Encoder 中导出合成时，使用的一定是原始文件。而在 After Effects 中导出合成时，你可以指定使用原始文件还是代理文件进行导出。如果你只想渲染一个视频草稿，那你可以选择使用代理文件进行渲染，这样渲染速度会更快。

在渲染队列中使用代理文件渲染的步骤如下。

1. 把合成添加到渲染队列。

2. 单击【渲染设置】右侧的蓝色文字，打开【渲染设置】对话框。

3. 在【代理使用】下拉列表框中，选择【使用所有代理】选项（图 4.8）。

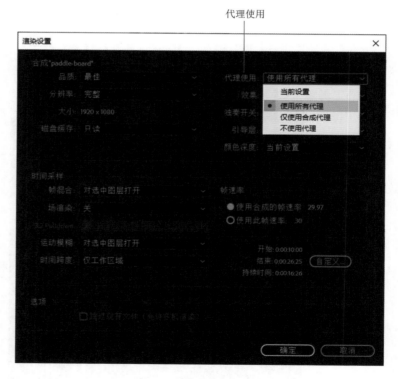

图 4.8　设置【代理使用】

渲染最终作品时，请选择【不使用代理】选项，这样渲染时使用的就是高质量的原始素材文件。项目面板中的当前设置指的就是代理设置。

4. 单击【确定】按钮，然后继续设置其他渲染选项。

4.4 导入图像序列

你可以把一系列静态图像导入 After Effects 中，然后把它们串成一段视频。制作延时视频时，或者使用某个特效序列（包含一系列静态图像）时，我们都会这么做。 ★ ACA 考试目标 2.4

以图像序列方式导入 JPEG 静态图像的步骤如下。

1．确保所有图像都在同一个文件夹中，并且文件名中带有连续编号。

2．从菜单栏中依次选择【文件】>【导入】>【文件】命令。

3．在打开的【导入文件】对话框中，转到包含图像序列的文件夹中，并选中第一张图像。这里，我们转到【climbing】文件夹下，选择 Rainier Sunrise-1.jpg 图像。

4．在【导入为】下拉列表框中，选择【素材】选项。

5．在【序列选项】中，勾选【ImporterJPEG 序列】复选框（图 4.9）。

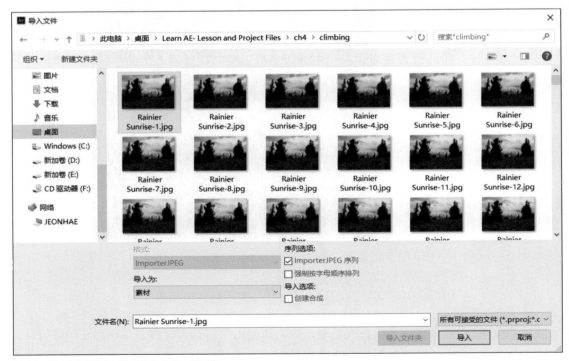

图 4.9 进入图像序列文件夹并选择第一张图像

除了 JPEG 图像序列之外，你还可以导入其他格式的图像序列，例如 TIFF 格式图像。导入时，你看到的选项可能略有不同，但差别不大。请注意，同一个序列中的所有静态图像必须是相同的文件格式。

6. 若文件名中的序列编号不连续，请执行如下操作之一。

- 在【序列选项】中，勾选【强制按字母顺序排列】复选框，这样可以忽略掉缺失文件，同时保留整个序列。
- 取消勾选【强制按字母顺序排列】复选框，然后使用占位符代替缺失文件。

7. 单击【导入】按钮。

图像序列导入完毕后，在项目面板中，你可以看到静态图像序列的图标和视频文件、单张静态图片都不同（图 4.10）。

提示

若图像序列与默认视频设置不一致，如帧速率不一致，请选中图像序列，然后从菜单栏中依次选择【文件】>【解释素材】>【主要】命令，在【解释素材】对话框的【主要选项】选项卡下修改设置。

图 4.10 在项目面板中选中导入的静态图像序列

4.5 版权与许可

★ ACA 考试目标 1.3

请注意，在视频制作中，你使用的所有素材都必须获得法律许可。以前面提到的 3 段视频为例。

- paddle-board.mp4 视频中有一个运动员，你必须获得模特本人授权才能合法使用这段视频。
- 高山滑雪视频素材由某个摄影师拍摄录制，版权归摄影师所有，使用这段素材之前，你必须获得摄影师本人的授权。
- 赛车视频素材中，赛车行驶在特定的非公开的赛道上，你必须获得赛道所有方的物权授权才能合法使用。

在项目规划阶段，我们就应该取得制作中需要用到的授权和许可，并且这些事情最好交给熟悉知识产权法的律师去处理，因为不同地区有关授权和许可的法律会有一些不同。

4.6 为社交媒体制作合成

下面我们创建几个合成，用于表示不同版本的动态标志。

首先，我们创建一个基本合成，后面我们会使用它继续创建其他合成，这样做可以节省很多时间。

★ ACA 考试目标 2.1

4.6.1 新建合成

现有预设不满足要求，所以我们需要手动做一些设置。我们要创建的合成是正方形的，因为我们打算把它上传到应用正方形格式的社交媒体上。

创建并设置合成的步骤如下。

1. 使用前面学过的任意一种方法新建一个合成，在打开的【合成设置】对话框中，将其命名为【Climbing】。

2. 在【基本】选项卡中，取消勾选【锁定长宽比为 1：1】复选框，把【宽度】和【高度】分别设置为 600px 与 600px（图 4.11）。

通常，【预设】中默认显示的是上一次使用过的参数。一旦你更改了某项设置，【预设】下拉列表框就会显示为【自定义】，因为当前设置已经和上一次预设变得不一样了。这没什么，因为我们并不打算使用上一次的预设。

3. 在【像素长宽比】下拉列表框中，选择【方形像素】选项。

4. 把【帧速率】设置为 29.97 帧 / 秒。

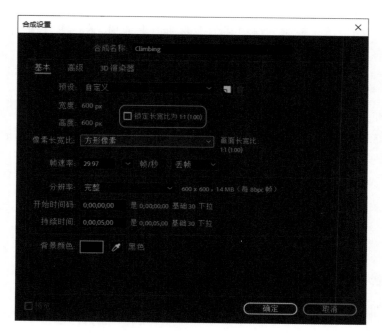

图 4.11　在【合成设置】对话框中进行设置

提示

如果你要为某个特定的社交媒体平台制作视频，请使用那个社交平台建议的视频尺寸。随着时间的推移，最佳视频尺寸往往会发生变化，而且越变越大，请随时留意社交平台给出的参考视频尺寸。

5. 把【持续时间】设置为 5 秒。

请不要关闭【合成设置】对话框，接下来，我们还会用到它。

4.6.2　创建合成设置预设

我们当前正在创建的合成是第一个合成，后面我们还要创建几个合成，它们和第一个合成的设置都是一样的。因此，我们可以把当前合成的设置保存为一个预设，这样在创建其他合成时，只要选择创建好的预设就行了。你可以在【合成设置】对话框中创建预设。

创建预设的步骤如下。

1. 在【合成设置】对话框中，单击【预设】下拉列表框右侧的【新建预设】按钮 。

2. 在弹出的【选择名称】对话框中，输入预设名称。这里，我们输入 "Social 600 × 600"（图 4.12）。

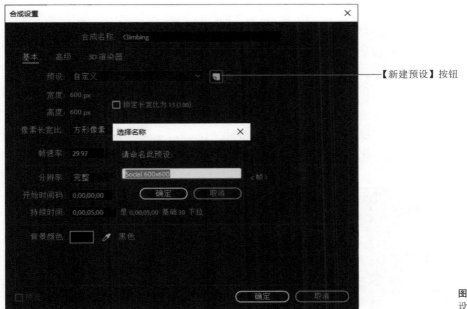

【新建预设】按钮

图 4.12 新建合成，设置预设

3．单击【确定】按钮，关闭【选择名称】对话框。返回【合成设置】对话框中，单击【确定】按钮，将其关闭。

这样，我们就创建好了一个名为【Climbing】的合成，你可以在项目面板中看到它。然后，请你把它放入一个名为【Comps】的文件夹中。

4.6.3 缩小视频图层

有时，原视频素材的尺寸会比你创建的合成大，因此需要把视频素材缩小到合成大小。上面创建的合成大小只有 600px×600px，所以在使用视频素材之前，我们必须先把视频素材缩小才行。

要缩小视频素材尺寸，既可以采用手动方式，也可以使用相应命令使视频素材自动缩放到合成大小，步骤如下。

1．把 Rainier Sunrise-［1-309］.jpg 图像序列添加到 Climbing 合成中。

2．在合成面板中，逐渐缩小视图大小，直到你能看见图像序列的外控制框。

图像序列的帧尺寸要比合成大得多，所以在合成面板中，你只能看见图像序列的中心部分。而且你还会看到图像序列的外控制框大大超出了合成的边界。

3．执行如下操作之一。

- 自动调整：从菜单栏中依次选择【图层】>【变换】>【适合复合高度】命令，让图像序列高度与合成高度保持一致（图4.13）。
- 拖动调整：按住 Shift 键，拖动控制框上的任意一个控制点。此外，你还可以同时按住 Alt 键（Windows）或 Option 键（macOS），从中心开始缩放。

图 4.13 执行【适合复合高度】命令之前（左）和之后（右）

除此之外，你还可以通过更改图像序列图层的【缩放】属性值来调整图像序列的大小。

图像序列图层比合成宽，你可以在合成面板中调整图像序列的水平位置（沿水平方向滑动），调整山脉在画面中的位置。

4.6.4　调整图层在时间轴上的位置

第2章讲解了如何通过调整图层在时间轴上的位置来修剪视频，这与使用入点和出点修剪视频在最终的效果上是一样的。在这里，你可以使用同样的方式来调整图像序列在合成中出现的时间点，操作方法非常简单，只需要在时间轴上左右拖动图层即可。

4.7　为 Logo 创建形状动画

前面我们创建的合成是介绍视频的第一个版本。这里，我们把它当

注意

不论采用哪种方式缩小图层，请一定在100%或更高视图缩放级别下查看整个画面，确保画面中不会出现黑边等问题。

提示

除了菜单栏之外，你还可以在快捷菜单中找到自动缩放命令。使用鼠标右键（Windows），或者按住Control 键（macOS），单击要缩放的图层，在弹出的快捷菜单中，从【变换】子菜单下选择相应的自动缩放命令即可。

作背景使用，在其上设计一个动态 Logo，而且这个 Logo 在所有介绍视频中都会出现。

★ ACA 考试目标 4.2

★ ACA 考试目标 4.6

我们要创建的动态 Logo 很简单，只包含两个元素：一个圆形、一个文本图层。这两种元素前面都已经用过了，这里我们会使用同样的方法来创建它们。

首先，创建一个圆形图层，并设置相关属性（图 4.14）。

- 在无任何图层处于选中的状态下，选择【椭圆工具】，按住 Shift 键拖动创建一个圆形。
- 设置【填充】为【无】，描边颜色为白色，描边宽度为 12 像素。
- 把新建形状图层名称修改为【Circle】。
- 在【Circle】形状图层处于选中的状态下，从菜单栏中依次选择【图层】>【图层样式】>【斜面和浮雕】命令，添加斜面和浮雕效果。

图 4.14 创建圆形

制作圆形绘制动画

下面为圆形制作动画，让圆形随着时间自动绘制出来。为此，我们需要先为圆形添加【修剪路径】属性，然后为它制作动画。通过【修

提示

选择【星形工具】，在合成面板中拖动绘制出一个星形，同时按箭头键，可以调整星形的角数以及各个角的圆度。

剪路径】属性，你可以设置路径从起点或终点开始的修剪量。

添加【修剪路径】属性与为文本添加动画制作工具类似。

下面添加【修剪路径】属性，并制作动画，步骤如下。

1. 打开【Circle】图层的【添加】菜单，选择【修剪路径】命令。此时，After Effects 会把【修剪路径 1】属性添加到【Circle】图层的【内容】属性组之中（图 4.15）。

提示

右击关键帧，在弹出菜单中，依次选择【关键帧辅助】>【缓动】命令，即可向所选关键帧应用缓动效果。请注意，该效果会应用到所有选中的关键帧上。

图 4.15 为【修剪路径 1】属性制作动画，让圆形在画面中自动绘制出来

提示

为了查看形状路径的起点和终点，以及了解如何制作动画，你可以先把鼠标指针放到【修剪路径 1】的各个属性值上，然后左右拖动数值，观察路径变化情况。

【修剪路径 1】的【开始】属性　　　　　　　　　　　　【开始】属性的关键帧

2. 展开【修剪路径 1】属性，根据需要，为【开始】属性设置关键帧，制作动画。这里，我们不需要为【偏移】属性制作动画。

此外，还要应用运动模糊和缓动效果。

4.8　向 Logo 中添加文本

★ ACA 考试目标 4.2

★ ACA 考试目标 4.6

制作好圆形之后，接下来，我们继续向 Logo 中添加文本。

我们要添加的文本是 Action Sports，这是一个虚拟客户的名称。

在合成中输入新文本时，After Effects 会自动为我们创建一个文本图
层（图 4.16）。

运用前面学过的知识，创建文本，并做如下设置。

- 输入文本时，把 Action Sports 放在两行中。
- 选择字体【Impact】。
- 根据需要，设置其他字体样式。
- 在对齐面板中，应用对齐选项，让文本与圆形彼此对齐，且位于
  合成的中间。
- 向文本应用斜面和浮雕效果，使用与应用到圆形上的斜面和浮雕
  效果一样的设置。

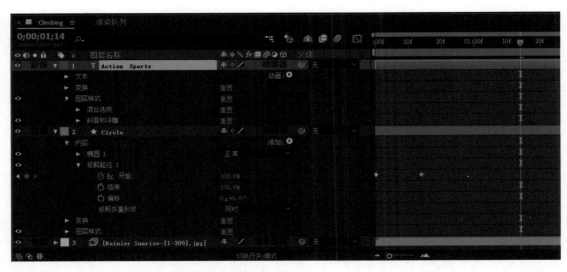

图 4.16 【Action Sports】文本图层与带有两个关键帧的圆形图层

4.8.1　为 Logo 文本制作动画

我们要制作的文本动画是让 Action Sports 的每个字母分别滑入合成
中。为此，我们需要为文本图层添加【位置】动画制作工具，并创建关
键帧。

请注意，为文本动画制作工具属性创建动画关键帧与为文本图层属性制作动画是不一样的，不同点如下。

- 为文本动画制作工具属性创建动画关键帧可以移动文本图层的各个部分，如单个字符或文本行。请记得为范围选择器设置关键帧，还有位置与旋转的起点。
- 为文本图层的某个属性创建动画关键帧会移动整个图层。

这里，文本图层同时使用了【旋转】文本动画制作工具和【旋转】图层属性（图 4.17）。

- 设置好【旋转】文本动画制作工具后，每个字母会旋转着进入画

【位置】文本动画制作工具　　　　　　　　　　　　　　　　字母旋转着进入画面

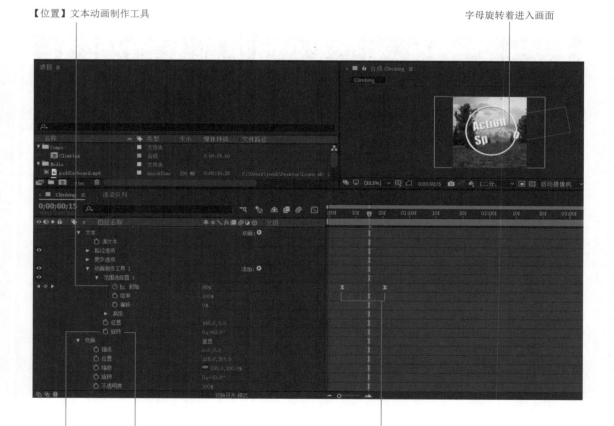

【旋转】图层属性　【旋转】文本动画制作工具　　　　　　范围选择器关键帧

图 4.17 使用文本动画制作工具和【旋转】图层属性

面中，然后与文本图层中的其他字母合并在一起（通过【高级】属性，你可以用其他方式制作动画，例如为整个单词制作动画）。

- 此外，当整个文本图层的【旋转】属性改变（非动画）时，整个文本图层会旋转 $-10°$。

如果你有更好的创意，能够制作出更吸引人的 Action Sports 标志，请不要有什么顾虑，尽管去尝试！

4.8.2　对 Action Sports 标志做预合成

第 2 章中，我们学习了如何对一个或多个图层进行预合成，把它们作为一个合成嵌入当前合成中。接下来，我们将对 Action Sports 标志做预合成，以便在其他合成中重复使用它。

做预合成的一个常见原因是你想把某个合成中的某一些图层作为一个整体用在其他合成中。前面我们在 Climbing 合成中创建好了 Action Sports 标志，然后我们想在其他合成中重复使用这个标志。

当然，你可以复制 Action Sports 标志的两个图层，然后把它们粘贴到其他合成中重复使用。但这不是重复使用标志最有效的方式，因为当这个标志包含许多个图层时，再使用这种方式来重复使用会显得十分笨拙。而且，当你需要更新标志时，你得在使用这个标志的每个合成中手动更新，可能得改好几百处，具体要看有多少合成使用了这个标志。

如果你把组成 Action Sports 标志的所有图层放入一个合成中，在上面这些情况下，处理起来会简单得多。

- 重复使用标志时，你只要把代表标志的合成拖到其他合成中即可。不管这个代表标志的合成中包含了多少个图层，你只需要拖动标志合成这一个就够了。
- 把标志作为一个整体进行编辑（如缩放整个标志）时，你只需要选择代表标志的合成进行操作即可，而不必选择组成标志的每个图层。
- 更新标志时，你只要更新标志合成自身，其他合成中包含的标志也会自动进行更新。"一处修改，处处更新"的确能够给你节省大量时间。

对标志进行预合成的步骤如下（图 4.18）。

图 4.18 对动态标志
进行预合成之前（上）
和之后（下）

1. 同时选中【Action Sports】和【Circle】两个图层。

2. 从菜单栏中依次选择【图层】>【预合成】命令。

3. 在【预合成】对话框中，把【新合成名称】设置为【Logo Animation】。

4. 勾选【将所有属性移动到新合成】复选框。

5. 勾选【将合成持续时间调整为所选图层的时间范围】复选框。

6. 单击【确定】按钮。

此时，After Effects 会把组成标志的所有图层放入一个名为 Logo Animation 的新合成中，并且这个新合成嵌套在 Climbing 合成之中。此外，你还可以在项目面板中看到这个新合成。

提示

预合成的另外一种方法是，先选中要预合成的图层，然后使用鼠标右键（Windows）或者按住 Control 键（macOS），单击任意一个选中的图层，再从弹出菜单中选择【预合成】命令即可。

4.9　编辑预合成并为更多文本制作动画

要制作完 Climbing 合成，还需要做如下几件事：调整标志动画为其他元素留出空间、为 Climbing 合成添加文本。

★ ACA 考试目标 4.5

4.9.1　编辑 Logo Animation

当前，标志占据了视频的大部分画面。这个标志还会添加到其他合成中，而那些合成的底部也会有一些文本，所以我们最好把标志缩小，并将其放到画面的顶部。

Logo Animation 是一个预合成，在调整它之前，需要先把它打开。打开一个预合成是很简单的，你只需要在项目面板中双击它即可，这跟打开一个普通的合成没什么区别。当然，在 Climbing 合成处于打开的状态下，你也可以双击其中的 Logo Animation 合成图层将其打开。

提示

还可以通过在 Adobe Creative Cloud 桌面应用程序中单击 InDesign 来启动它。

4.9.2　把锚点放到图层中央

编辑 Logo Animation 合成时，我们需要从中心点缩放圆形和文本图层。但是一开始，圆形与文本图层的锚点并没有对齐，这会导致两者在缩放时出现不一致的问题。为此，我们首先要把它们的锚点置于中心。

把指定图层的锚点放到中心的方法如下。

■ 选中指定图层，然后从菜单栏中依次选择【图层】>【变换】>【在图层内容中居中放置锚点】命令（图 4.19）。

提示

另外一种方法是：使用鼠标右键（Windows），或按住 Control 键（macOS），单击选中的图层，从弹出菜单中，依次选择【变换】>【在图层内容中居中放置锚点】命令。

图 4.19 把两个图层
的锚点居中

4.9.3 同时为多个图层制作动画

在为多个图层创建相同的动画时，需要在开始制作动画之前先把多
个图层同时选中。下面我们将为组成 Action Sports 标志的两个图层的【缩
放】和【位置】属性制作动画。制作之前，请确保你已经同时选中了这
两个图层，这样一来，我们对关键帧所做的更改才会同时应用到所选的
两个图层上。

为了把更改应用到 Action Sports 标志上（图 4.20），请按如下步骤
操作。

1. 若 Logo Animation 合成当前未打开，请先打开它。

2. 在时间轴面板中，同时选中【Action Sports】和【Circle】两个
图层。

3. 把当前时间指示器移动到 1:10 处，在选择的任意一个图层下，
单击【位置】与【缩放】属性左侧的秒表图标，添加关键帧。此时，关
键帧会同时添加到两个图层上。

4. 在所选的任意一个图层下，单击【位置】与【缩放】属性左侧的
秒表图标，两个图层上的秒表图标都会打开。

5. 把当前时间指示器移动到 2:00 处，添加另一组【位置】与【缩放】
关键帧。

6. 把【缩放】属性调整为 40%，更改【位置】属性的 Y 值，向上
移动图层到画面顶部附近。

7. 选中所有关键帧，应用缓动效果。为了节省时间，你可以单击某

图 4.20 同时选中并编辑两个图层的关键帧

个属性名称，这样可以选中它的所有关键帧。

　　不管在哪一步，你对关键帧的更改都会同时应用到两个图层上。到这里，我们的标志动画就制作好了，接下来，你就可以根据需要把它添加到其他视频中了。

4.9.4　为登山宣传片添加动态文本

　　接下来，我们回到登山宣传片中。

　　本章中每一个宣传片的画面效果都是一样的：首先 Action Sports 标志出现，接着移到另外一个地方，然后在视频画面底部出现介绍文本。

　　添加介绍文本的步骤如下（图 4.21）。

　　1．返回到 Climbing 合成中。

　　2．把当前时间指示器移动到 Action Sports 标志动画刚播放完的时间点之后。

　　3．添加一个文本图层，输入文本"Climbing"。

　　4．使用对齐面板，把【Climbing】文本图层放置到画面中央。

　　5．添加【字符间距】文本动画制作工具属性，并制作动画，让【Climbing】文本图层的各个字母逐个进入画面，并最终靠在一起。

　　6．预览合成，查看效果是否理想。你可以根据需要进一步修饰动画，如添加缓动和运动模糊等效果。

　　请掌握把各个准备好的元素组合在一起的方法，这些元素包括 Action Sports 标志合成、由静态图像序列创建的背景视频、动画文本。

提示

请记住，显示【位置】属性的快捷键是 P 键，显示【缩放】属性的快捷键是 S 键。按住 Shift 键，再按某个快捷键，可以在不隐藏当前已显示的属性的状态下显示出相应的属性。

字符间距动画制作工具　　　　　　　　　　打开两个图层和合成的运动模糊效果

图 4.21　向【Climbing】文本图层应用字符间距与运动模糊效果

提示

编辑属性值的方法有
好几种，你可以直接
输入属性值，也可以
通过拖动属性值来更
改，或者直接在合成
面板中拖动图层来更
改某些属性值。

4.10　制作汽车拉力赛宣传片

　　下面我们开始创建另外一个宣传片。创建时，我们不必"从零开始"，因为我们可以重复使用前面创建的一些元素。在这个宣传片中，我们会选用一个不同的视频背景，并添加 Racing 文本。

4.10.1　使用预设创建合成

★ ACA 考试目标 2.1

★ ACA 考试目标 4.6

　　首先，我们要为汽车拉力赛宣传片新建一个合成。新建合成时，我们不会在【合成设置】对话框中手动设置各个选项，而是直接使用前面已经创建好的预设。

使用预设创建合成的步骤如下。

1. 使用前面学过的任意一种方法，新建一个空白合成，将其命名为【Rally Car】。

2. 在【合成设置】对话框中，打开【预设】下拉列表框，从中选择前面已经创建好的那个预设——Social 600×600。这个预设位于【预设】下拉列表框的底部。

选择 Social 600×600 预设之后，After Effects 会自动为我们设置好各个选项（图 4.22），这会为我们节省大量时间。

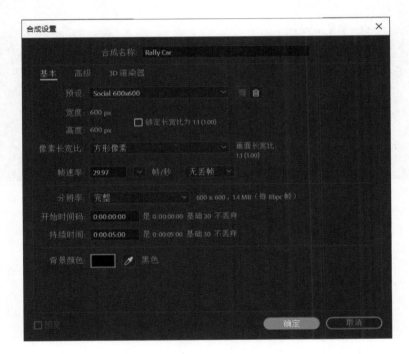

图 4.22 使用 Social 600×600 预设

3. 把【持续时间】设置为 5 秒，然后单击【确定】按钮。

4. 在项目面板中，把 Rally Car 合成拖入【Comps】文件夹中。

4.10.2 添加背景视频

下面我们需要为宣传片添加一个背景视频。前面我们已经导入了 rallycar.mp4 视频，接下来我们把它放入合成。

具体步骤如下。

1．把 rallycar.mp4 视频从项目面板拖入 Rally Car 合成。

类似于 Climbing 合成中的背景视频，rallycar.mp4 视频画面的尺寸要比合成画面大得多。

2．使用前面学过的方法，把视频高度缩小到与合成画面高度一样（图 4.23）。

图 4.23 把 rallycar. mp4 视频高度缩小到 Rally Car 合成的高度

提示

在合成中设置一个图层的位置时，要在这个图层的整个持续时间内检查图层的位置，而不要只检查开始或中间的某个画面。

4.10.3　应用基本图像校正效果

当你需要修正视频的颜色或色调时，你可以向视频应用图像校正效果。前面我们已经学过如何应用各种效果了，应用效果之前，你应该知道要应用哪种效果。下面我们将向视频应用【色阶】效果，该效果位于【颜色校正】效果组之中。

【色阶】效果只是众多颜色校正效果之一，除此之外，After Effects 还提供了其他许多颜色校正效果。做颜色校正时，你不一定要使用【色阶】效果，有时选用其他颜色校正效果会更方便、更有效。如果你用过其他图像编辑软件（如 Photoshop）中的【色阶】工具，相信你对【色阶】这个效果不会感到陌生。

在 After Effects 中应用效果的方法不止一种，如下。

- 在效果和预设面板中找到要应用的效果，而后将其拖动到合成面板中，或者拖动到时间轴面板中指定的图层上。

- 先选中待应用效果的图层，然后从【效果】菜单中选择要应用的效果。

提示

许多效果组中都包含图像校正效果，特别是在【颜色校正】效果组中，你会找到很多有用的图像校正效果。

向一个图层应用了【色阶】效果之后，在图层仍处于选中的状态下，打开效果控件面板，你会看到色阶效果的各种控制选项。

在【色阶】效果的【直方图】属性下有 5 个属性，它们呈两行排列（图 4.24），上面一行分别是【输入黑色】【灰度系数】【输入白色】，下面一行分别是【输出黑色】和【输出白色】。一般情况下，这 5 个属性不需要全部调整。这 5 个属性的调整方法比较复杂，我们不需要全部掌握，只要简单了解如下内容即可。

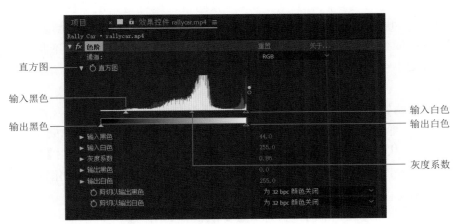

图 4.24 【色阶】效果

- 调整【灰度系数】属性，可以调整整个画面的亮度，它主要影响的是画面的中间调。调整其他 4 个属性也会间接对画面亮度产生影响。
- 增大【输入黑色】属性或减小【输入白色】属性（或者同时调整两者）都会增加画面对比度。但调节时要适度，否则会丢失阴影或高光中的细节。
- 增大【输出黑色】属性或减小【输出白色】属性（或者同时调整两者）会降低画面的对比度。

4.11 启用【时间重映射】功能

这里我们遇到了一个问题，那就是 rallycar.mp4 图层的持续时间太短

★ ACA 考试目标 4.4

了。整个介绍视频的规定时长为 5 秒，但是 rallycar.mp4 视频在修剪之后时长还不到 1 秒。为了解决这个问题，你可能会想到调整视频素材的入点和出点，以增加视频的时长。但是这样做之后，你会发现在相当长的时间里汽车都处在画面之外。另外一种解决办法是降低视频播放速度直到停止，这样看上去汽车好像停下了，然后再次开始播放。你只要把播放速度降得足够低，整个视频时长就会达到 5 秒。

为了实现这种效果，After Effects 为我们提供了【时间重映射】功能。在以正常速度播放视频时，每个视频帧和每个合成帧会同步播放。当改变视频播放速度时，视频的持续时间会变长或变短。但这还不是真正意义上的【时间重映射】，因为这时帧的播放速度是恒定不变的。借助【时间重映射】，你不仅可以改变视频的播放速度，还可以让播放速度随着时间变化。在视频播放期间，你可以通过【时间重映射】不断地增加或减小视频播放速度，并实现向前或向后播放，随时更改播放速度和方向。

按照如下步骤，启用【时间重映射】功能。

1. 把当前时间指示器移动到 0:19 处，此时汽车位于画面中央。

2. 从菜单栏中依次选择【图层】>【时间】>【启用时间重映射】命令。此时，在时间轴面板中出现【时间重映射】属性，而且时间变化秒表处于开启状态。

3. 单击【在当前时间添加或移除关键帧】图标◈，向当前时间添加一个时间重映射关键帧。

4. 选中刚刚添加的关键帧，从菜单栏中依次选择【编辑】>【复制】命令，复制关键帧。

5. 把当前时间指示器移动到 4:20 处，然后粘贴关键帧。从这里开始，视频会正常播放。

这样设置之后，第一个关键帧和第二个关键帧将播放相同的画面，在两个关键帧之间，视频好像卡在了同一个帧上，汽车看起来静止不动了，其实是画面停止播放了。

此时，图层的持续时间变长了，增加的时间就是两个关键帧之间的时间间隔。但是，目前你还看不到增加的时间，因为我们还没有修改图层的出点。在时间轴面板中，把图层的出点拖动到合成末尾，此时你会看到视频时长达到了 5 秒（图 4.25），所增加的时间就是视频在同一个帧

图层持续时间延长到合成末尾

在当前时间添加或移除关键帧　　　　　　　　第一个关键帧　　　　　　　　粘贴复制的关键帧

图 4.25　增加图层时长后进一步完善动画

上"冻结"的时间。

预览合成，然后添加修饰效果，如【缓动】与【运动模糊】。

4.12　向一个图层添加多个效果

在 After Effects 中，你可以轻松地向同一个图层应用多个效果，以
实现你想要的结果。

前面在制作汽车拉力赛介绍视频中，我们已经向视频图层应用了【色
阶】效果。后面我们还会在视频背景上添加文本，为此我们最好再向视频
图层上添加一个模糊效果，这样可以增加文本的可读性。在 After Effects 中
这不是什么难题，你只要把第二个效果（模糊）添加到同一个图层上即可。

在向【rallycar.mp4】图层添加模糊效果时，你可以使用前面学过的
任意一种方法（从效果和预设面板中拖放效果进行应用，或者从【效果】
菜单中选择一种效果进行应用）。这里，我们从汽车静止时开始应用一个
【高斯模糊】效果，然后应用一个【四色渐变】效果，此时在【rallycar.
mp4】图层上总共应用有 3 个效果。

【四色渐变】效果使用方便，你可以向一个图层的 4 个不同位置应用
4 种颜色，最终效果是 4 种颜色的混合结果。借助位置图标，你可以设
置每个颜色点的位置。通过拾色器或吸管工具，你可以轻松设置每个颜
色点的颜色。

除了上面提到的那几个效果之外，你还可以根据实际需要添加其他
任何想用的效果。

★ ACA 考试目标 3.2

★ ACA 考试目标 4.6

在向【rallycar.mp4】图层添加多个效果之后，查看效果控件面板（图 4.26）。此时，你会看到 3 个效果，它们分别是【色阶】【高斯模糊】【四色渐变】。效果控件面板中有如下一些功能需要掌握。

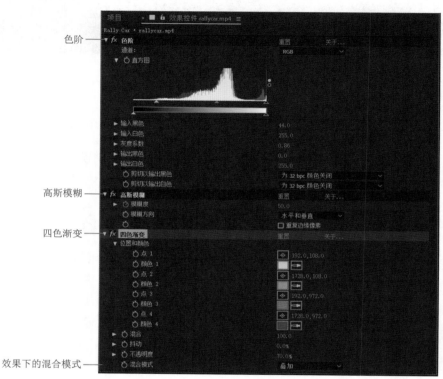

图 4.26 向【rallycar.
mp4】图层应用多个
效果

- 每个效果名称左侧有一个【*fx*】图标，单击这个图标，可以关闭相应效果，而无须把效果从面板中删除。
- 【*fx*】图标左侧是一个三角形，单击三角形，可以展开或收起当前效果的各个控制选项。当你向一个图层应用了很多效果时，可以单击三角形，把某些效果收起，以节省面板空间。
- 向上或向下拖动某个效果名称，可以更改这个效果在图层上的应用顺序，导致最终的效果发生变化。

许多效果都有【混合模式】这个属性。在第 3 章中，我们使用混合模式控制多个图层的组合方式。就效果而言，【混合模式】属性用来控制多个效果在同一个图层上的组合方式。类似地，图层的【不透明度】属性和效果的【不透明度】属性也具有相似的区别。

4.13 宣传片制作完成

★ ACA 考试目标 4.2

汽车拉力赛宣传片与登山宣传片同属一个系列，在制作的最后阶段，我们要向视频画面中添加 Action Sports 标志和一些文字。

前面已经制作好了 Logo Animation 合成，你只要把它拖入 Rally Car 合成中进行添加就好。但是，在添加之前，我们需要先把当前时间指示器拖动到标志动画开始出现的时刻，即汽车停下并发生模糊的地方。按 U 键，可以把其他图层上的关键帧显示出来，这样方便你把新的关键帧与原有关键帧在时间轴上对齐。

接下来添加一个文本图层，并输入文本"Racing"。借助字符面板设置文本，所用的设置与制作 Climbing 视频时使用的设置一样。然后使用同样方法为 Racing 文本制作动画。这些操作我们在前面都已经做过，请大家把它当成一个练习再做一遍。随着学习不断深入，相信大家对这些技术、操作，以及相似的应用方法越来越熟悉了。当你创建具有一致外观的一系列相关内容（如社交媒体上的频道包装、广告宣传等）时，这些技术会非常有用。

在时间轴面板顶部有一个工作区域条，通过设置工作区域条，我们可以控制要预览或导出的时间范围。当你只想测试合成的一部分时，这个工作区域条会非常有用（图 4.27）。

——工作区域条

——文本模糊动画关键帧

图 4.27 设置工作区域条

4.14　制作高山滑雪宣传片

★ ACA 考试目标 2.1

　　下面我们开始制作高山滑雪宣传片。和前面两个视频一样，这个视频的时长也是 5 秒，画面中也有 Logo 动画，但在创建方法上略有不同。

　　第一个不同是合成的创建方式。前面我们讲过，你可以从一个素材项快速创建一个合成，只要你把素材拖动到项目面板底部的【新建合成】按钮上即可。

　　使用这种方法创建出合成之后，合成的设置与素材是一样的，但这些设置不符合我们制作方形介绍视频的要求。那么，我们应该怎样让合成符合方形介绍视频的制作要求呢？

　　首先，在 After Effects 中，你可以随时更改合成设置；其次，前面我们已经根据视频制作要求创建好了一个合成预设。因此，我们只需做如下操作：从菜单栏中依次选择【合成】>【合成设置】命令，或者按快捷键 Ctrl+K（Windows）或 Command+K（macOS），打开【合成设置】对话框，从【预设】下拉列表框中，选择【Social 600×600】的预设应用即可。

　　应用了预设之后，你最好还是检查一下各个选项，保证各选项设置准确无误。在【合成设置】对话框中，把【开始时间码】设置为 0，【持续时间】设置为 5 秒，使其与其他视频保持一致。

　　单击【确定】按钮，关闭【合成设置】对话框。在合成面板中，调整滑雪视频的位置和大小，务必把滑雪者转身的瞬间保留下来，宣传片会着重使用这个片段。

4.15　应用自动效果

★ ACA 考试目标 4.5

　　或许你已经注意到了，许多效果包含了大量控制选项，这不仅增加了学习的难度，还让人们"望而却步"，尤其是当你没那么多时间时，就更不想用这些复杂的效果了。考虑到这种情况，After Effects 在一些效果中添加了自动选项，借助自动选项，你只需要简单地做一两步操作就能得到比较好的效果。

　　在 After Effects 中，自动选项有如下几种形式。

- 如果效果本身提供【自动】按钮，单击这个按钮，就不必手动设置各个选项了。

- 有些效果名称中就包含"自动"两字，代表这个效果是一个简易版本。例如，在制作汽车拉力赛视频中，我们向 rallycar.mp4 视频应用了【色阶】效果，这个效果有一个简易版本——【自动色阶】效果。本合成中，我们将向 snowboard.mp4 视频应用【自动色阶】效果。

- 有些自动效果可能带有默认设置，在许多情况下，这些默认设置能产生不错的效果。但是，如果你不满意，你可以手动调整这些默认设置。

4.15.1 使用【自动色阶】效果

前面我们已经学会如何查找和应用一些效果了，使用你掌握的方法，查找【自动色阶】效果并将其应用到【snowboard.mp4】图层上。如果你觉得【自动色阶】效果对图层中的阴影和高光处理得不好，你可以尝试调整【修剪黑色】和【修剪白色】选项。请注意，对于非正常光照条件下拍摄的视频素材，【自动色阶】效果的处理结果往往不是很理想，这种情况下建议你不要使用【自动色阶】效果，应使用【色阶】效果，然后再根据需要手动调整各个选项。

4.15.2 使用【广播颜色】效果

向【snowboard.mp4】图层应用【广播颜色】效果。使用【广播颜色】效果的目的是确保图层颜色符合广播标准。如果颜色不符合标准，视频就无法正常播放，广播公司当然也不会认可这样的视频。

广播颜色是一种自动效果，供调整的选项不多，而且有些选项会影响图层的调整方式。调整时，你要根据想要遵守的广播标准进行设置。如果你不知道如何设置，请咨询你的委托方，他们会提供详细的设置。

除此之外，After Effects 还支持多种插件，这些插件提供了更精细的颜色调整方式，例如 Color Finesse 插件，你可以使用这款插件根据广播标准评估与调整画面颜色。

最后，再强调一次：应用在一个图层上的所有效果均会显示在效果控件面板中，而且它们是按顺序堆叠在一起的（图 4.28）。

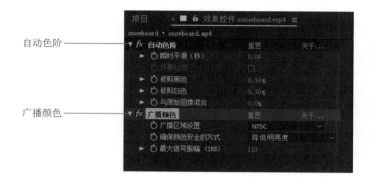

自动色阶 ———

广播颜色 ———

图 4.28　应用在
【snowboard.mp4】图
层上的【自动色阶】
和【广播颜色】效果

4.15.3　使用【变形稳定器】效果

当你手持摄像机拍摄时，拍出的视频画面中可能会出现抖动现象。
这种情况下，你可以使用 After Effects 中的【变形稳定器】效果减轻画面
中的抖动。【变形稳定器】效果提供了多种控制选项，但是大多数情况下
我们并不需要调整这些选项，使用默认设置就能取得非常好的稳定效果。
当然，你也可以根据需要调整各个控制选项以满足特定需求。例如，如
果你想让视频画面非常稳定，使其看起来就像是把摄像机固定在三脚架
上拍摄的，你可以在【稳定】选项下的【结果】列表中选择【无运动】
选项。

请注意，【变形稳定器】效果无法应用到一些做过特定调整的图层上，
例如那些应用了时间重映射或变速的图层。如果你一定要向这样的图层
应用【变形稳定器】效果，需要先把图层进行预合成，再向新合成中的
图层应用时间调整，最后再应用【变形稳定器】效果。

4.16　向前播放与向后播放

★ ACA 考试目标 4.4

下面我们将向滑雪视频应用【时间重映射】效果，但应用方式与前面
的赛车视频不同。在赛车视频中，我们使用【时间重映射】效果把图层播
放速度放慢到停止；而在滑雪视频中，我们会使用【时间重映射】效果实

现视频向前与向后播放。

选择【图层】>【时间】，After Effects 提供了【时间反向图层】命令。如果你想以恒定速度反方向播放整个图层时，你可以使用这个命令。但是这里我们不会使用这个命令，而是使用【时间重映射】功能来实现。借助【时间重映射】，你可以精确地控制图层的哪一部分何时以多快的速度向前或向后播放。你可以使用关键帧实现这些控制。

使用【时间重映射】功能实现向前或向后播放的方法如下。

1．把当前时间指示器移动到 1:10 处。

2．从菜单栏中依次选择【图层】>【时间】>【启用时间重映射】命令。此时，你可以在时间轴面板中看到【时间重映射】属性，并且时间变化秒表处于开启状态。

3．单击【在当前时间添加或移除关键帧】按钮，在当前时间添加一个时间重映射关键帧。从此处开始向前 - 倒退 - 向前时间段。

4．拖动当前时间指示器，找到合适的一帧（这里是 1:25）作为动作反向的起点，然后单击【在当前时间添加或移除关键帧】按钮，添加另外一个关键帧。

5．选中第一个关键帧，从菜单栏中依次选择【编辑】>【复制】命令，复制第一个关键帧。

6．拖动当前时间指示器，找到合适的一帧（这里是 2:17），从此开始重复动作，然后粘贴上一步复制的关键帧（选择【编辑】>【粘贴】命令）（图 4.29）。

在上面操作中，我们先在某个时间点上添加了一个关键帧，再在另外一个时间点上又添加了第二个关键帧，然后通过复制第一个关键帧又添加了第三个关键帧。在时间上，第三个关键帧的画面要早于第二个关键帧，从第二个关键帧开始倒放，然后从第三个关键帧开始再正常播放。

【时间重映射】背后的指导思想是：让每个关键帧告诉合成播放图层中的哪一帧，After Effects 会插值播放两个关键帧之间的画面。

与赛车宣传片一样，你需要往后移一下图层的出点，因为【时间重映射】功能会增加图层的持续时间。

提示

从菜单栏中依次选择【图层】>【时间】>【时间反向图层】命令，与依次选择【图层】>【时间】>【时间伸缩】命令并在弹出对话框的【新持续时间】文本框中输入 −100 在效果上是一样的。

图 4.29 在时间轴面板中复制第一个时间重映射关键帧，并将其粘贴为第三个关键帧

注意

你添加关键帧的时间点可能和这里不一样，这可能是因为你在修剪视频素材时添加的入点和出点与这里不同。为了解决这个问题，你可以做一些调整，例如调整入点、关键帧或图层本身。

调整多个关键帧的持续时间

有些时候，我们把一系列关键帧的节奏把握得很好，但是播放速度过快或过慢了。这种情况下，我们该如何整体调整关键帧的持续时间，同时又保持关键帧之间的相对位置不变呢？下面给出一种简便的快捷调整方法。

调整多个关键帧的持续时间的步骤如下。

1. 选择要调整的 3 个关键帧，至少 3 个。

2. 按住 Alt 键（Windows）或 Option 键（macOS），拖动第一个或最后一个关键帧。

- 拖动第一个或最后一个关键帧，把关键帧之间的时间间隔拉长一些，这样可以让动画播放得更慢一些（持续时间增加）。
- 拖动第一个或最后一个关键帧，把关键帧之间的时间间隔拉短一些，这样可以让动画播放得更快一些（持续时间变短）。

★ ACA 考试目标 4.2

4.17　添加标志和文本

到这里，我们对背景视频的所有调整就完成了。接下来，我们要做的就是向画面中添加标志和文本。

前面我们已经制作好了 Logo Animation 合成，添加时，你只要把它拖入合成中即可。首先，把当前时间指示器移动到图标应该出现的位置，然后将其拖入合成之中，再添加一个文本图层，输入文本 "Snowboard"，在字符面板中，应用制作上一个视频时使用的文本设置。

但是，在这个视频中，白色文本在雪地背景上的辨识度不高，我们需要把文本颜色改成一种更深一些、辨识度更好一点的颜色（图 4.30）。如

图 4.30 制作好的滑雪宣传片

果不更改文本颜色，那你需要应用一些增强文本辨识度的方法，例如向文本添加【描边】【阴影】【斜面和浮雕】等效果。

最后，不要忘了给文本外观添加动画，例如给文本的【不透明度】属性制作动画，你可以根据需要给其他文本属性制作动画。

4.18 制作划桨板宣传片

下面我们制作第四个宣传片，介绍的是划桨板运动。在这个视频的制作过程中，我们会用到一些更高级的效果。

★ ACA 考试目标 2.1

首先，使用【Social 600×600】预设新建一个合成，将其命名为【Paddle Board】，把【持续时间】设置为 5 秒。在项目面板中，把创建好的 Paddle Board 合成移动到【Comps】文件夹中。

把 paddle-board.mp4 视频拖入合成中，播放合成，检查视频素材的大小与位置是否合适。根据情况，调整视频素材的大小和位置，让桨手在合成的整个持续时间内始终位于画面之中。

如果你为合成创建了代理，分别尝试在开启代理和关闭代理的状态下进行编辑，感受一下在开启代理的状态下编辑的响应速度会不会更快一些（图 4.31）。如果你的计算机性能十分强劲，可以确保合成及其所有图层、效果均能流畅地播放，那用不用代理就没什么区别了。但是，如果你的计算机的性能比较一般，或者当前你编辑的图层分辨率很高并且应用了大量效果，在这种情况下，使用代理的优势就非常明显了。

paddle-board.mp4 素材的代理开
关，当前处于启用代理状态

图 4.31 创建 Paddle Board 合成

4.19 运动跟踪

★ ACA 考试目标 4.6

下面我们使用 After Effects 中的【运动跟踪】功能让一个图层跟着画面中的划桨手运动。

具体步骤如下。

1. 执行如下操作之一，打开跟踪器面板。
- 在当前工作区下，从菜单栏中依次选择【窗口】>【跟踪器】命令，打开跟踪器面板。
- 从菜单栏中依次选择【窗口】>【工作区】>【运动跟踪】命令，切换到【运动跟踪】工作区下。

2. 选中你想跟踪的图层，这里我们选择【paddle-board.mp4】图层。

3．在跟踪器面板中，单击【跟踪运动】按钮（图 4.32）。

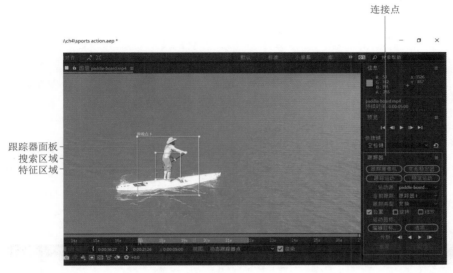

连接点

跟踪器面板
搜索区域
特征区域

图 4.32 【图层】面板
中设置好跟踪区域的
运动跟踪器

单击【跟踪运动】按钮，打开图层面板。在画面中，你可以看到一个搜索框、特征框和连接点。为了记录运动数据，单击【跟踪运动】按钮还会新建一个名为【跟踪点 1】的图层属性。

4．在跟踪器面板中，单击【选项】按钮，在弹出的【动态跟踪器选项】对话框中做如下设置，单击【确定】按钮（图 4.33）。

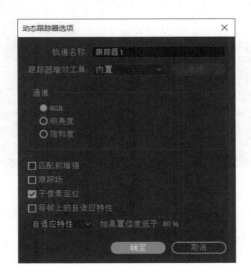

图 4.33 【动态跟踪器
选项】对话框

注意

若图层面板底部出现一条消息，指出当前正在使用代理，这时，你可能会想禁用代理，以便让运动跟踪器在原始高分辨率的素材上进行跟踪。不过，如果你的计算机性能一般，那就开着代理吧，而且跟踪代理也能得到很好的结果。

- 在【通道】区域中选择【RGB】选项，因为最容易跟踪的地方是划桨手穿的红色泳裤。
- 在【动态跟踪器选项】对话框底部的下拉列表框中选择【自适应特性】选项，把【如果置信度低于】设置为80%。这样，当运动跟踪器认为跟踪出错时，它可以自动调整特征框。

对示例视频来说，上图中的选项设置已经非常合适了。当你在其他视频中进行运动跟踪时，你可以尝试其他更合适的设置。

5. 在跟踪器面板中，单击【向前分析】按钮 ▶。

运动跟踪器会逐帧分析图像，并根据分析结果创建跟踪点（图4.34）。如果跟踪不是从头开始的，你可以使用其他分析按钮。事实上，每个跟踪点都在跟踪点属性上设置了一系列关键帧，你可以按U键查看这些关键帧。

图4.34 运动跟踪完成，在时间轴面板中可以看到生成的关键帧

进行运动跟踪时，逐帧分析图像需要计算机做大量计算，因此在性能不高的计算机上进行运动跟踪可能会耗费较长时间。

像示例视频中这样简单的运动，使用一个跟踪点就够了。但是，如果你要跟踪的运动比较复杂，那就需要多添加几个跟踪点了。例如，你想跟踪一个方形手机屏的移动和旋转，以便把一段影像按照透视关系添加上去，这时你就需要添加多个跟踪点进行跟踪。

图层面板

如果这是你第一次看到图层面板，那你有必要多了解一下。

图层面板不仅可以用在运动跟踪中，还可以用来在合成打开的状态下查看图层中的内容，而且不必考虑合成设置和其他元素。

只要双击的图层不是嵌套合成，即可打开图层面板。如果你双击的图层是一个嵌套合成，打开的将是一个合成窗口。这有点类似于素材面板，当你在项目窗口中双击一个素材时，打开的将是素材窗口。区别是素材被添加到合成中后会变为一个图层。对那个图层所做的编辑只在包含它的合成中发挥作用。

重点是要理解运动跟踪和前面学习的"父子"技术之间的区别。"父子"技术也能实现对另一个图层的跟踪，但它跟踪的是图层上随时间变化的属性值，例如【位置】属性。若视频中没有属性随时间变化，当你想跟踪视频画面中的部分内容时，你就需要使用运动跟踪器来跟踪内容的变化情况。

4.19.1 创建空对象作为运动跟踪的父对象

只有跟踪点是不够的，我们还需要把跟踪点连接到其他作为运动路径目标使用的对象上。为此，After Effects 专门提供了一个名叫【空对象】的特殊图层，这也是空对象最常见的用途之一。 ★ ACA 考试目标 3.2

空对象是一个不可见图层，通常在运动跟踪中作为其他图层的父对象使用。

创建一个空对象，用作运动目标的步骤如下。

1. 从菜单栏中依次选择【图层】>【新建】>【空对象】命令。

此时，在时间轴面板中，你会看到新创建的【空对象】图层。

2. 把空对象图层重命名为【Paddle Tracker】。

3. 双击【paddle-board.mp4】图层，将其在图层面板（注意不是合成面板）中打开并浏览。

4．选中【paddle-board.mp4】图层，然后在跟踪器面板中单击【编辑目标】按钮。

5．在【运动目标】对话框中，选中【Paddle Tracker】图层（图 4.35），单击【确定】按钮。

空对象

【编辑目标】按钮

图 4.35 设置运动目标

6．在跟踪器面板中，单击【应用】按钮。

7．在【动态跟踪器应用选项】对话框中，从【应用维度】下拉列表框中，选择【X 和 Y】选项，单击【确定】按钮。

此时，空对象就设置好了，其他图层可以将其作为父对象使用了。

4.19.2　为形状与空对象建立"父子"关系

下面我们要创建一个图层，这个图层会跟着划桨手运动。这里，我们会先创建一个简单的椭圆，然后将其父对象指定为空对象。

请注意，你需要确保椭圆是一个形状而非蒙版。你还记得怎么做吗？首先取消对所有图层的选择，步骤如下。

1．把当前时间指示器拖动到合成的第一帧。

2．从菜单栏中依次选择【编辑】>【全部取消选择】命令。

3．选择【椭圆工具】，按住 Shift 键绘制一个圆形，覆盖住划桨手。

4．单击工具面板中的【填充】和【描边】按钮，调整圆形的填充和描边（图4.36）。

图 4.36　创建跟踪划桨手的圆形

5．你可以根据自身需要向圆形应用一些效果样式，例如【斜面与浮雕】效果。

圆形图层设置好之后，接下来，我们把圆形图层复制一份，步骤如下。

1．在【形状图层 1】处于选中的状态下，从菜单栏中依次选择【编辑】>【重复】命令。

2．把第一个圆形图层（【形状图层 1】图层）重命名为【Effect】。

3．单击【形状图层 2】左侧的眼睛图标，将其隐藏起来，目前我们还不需要它。

接下来，我们可以轻松地让圆形图层【Effect】成为空对象的子对象。

把圆形的父对象指定为空对象的方法如下。

■ 打开【Effect】图层的【父级和链接】菜单，从中选择【Paddle Tracker】图层（图4.37）。

提示

【重复】命令的键盘快捷键是 Ctrl+D（Windows）或 Command+D（macOS）。

提示

在工具面板中，单击【填充】或【描边】按钮，可以分别设置填充或描边属性，而单击填充颜色或描边颜色框，可以分别为填充或描边设置颜色。

图 4.37 把【Effect】图层的父对象指定为【Paddle Tracker】图层

现在，播放合成，你会发现圆形在跟着划桨手运动。

4.20 创建文本作为轨道遮罩

★ ACA 考试目标 4.6

前面我们复制了一个圆形并将其隐藏了起来。接下来，我们使用它创建蒙版随另外一个图层运动的效果。

在此之前，我们先向视频中添加标志和说明文本，所用方法与制作前面介绍视频时用的一样。

- 添加 Logo Animation 合成。
- 添加一个文本图层，输入文本"Paddle Boarding"。然后设置文本样式并制作动画，这与制作其他介绍视频时一样。

接下来，我们把【形状图层 2】用作轨道遮罩。轨道遮罩是一个图层，用来充当另外一个图层的蒙版。除了充当图层蒙版之外，轨道遮罩还有许多其他用途。

提示

有的轨道遮罩（这里是圆形）会在画面中运动，这样的轨道遮罩称为【流动蒙版】。

创建轨道遮罩的步骤如下。

1. 把【形状图层 2】图层重命名为【Text Mask】。

2. 在合成中，确保【Text Mask】图层位于【Paddle Boarding】图层之上。

在时间轴面板的图层列表中，我们必须确保【Text Mask】图层紧挨着【Paddle Boarding】图层，且位于其上，【Paddle Boarding】文本图层才可以把【Text Mask】图层用作轨道遮罩。

3. 与【Effect】图层一样，把【Text Mask】图层的【父级和链接】设置为【Paddle Tracker】图层。

这样，圆形蒙版图层就会跟着划桨手运动，就像那个可见的圆形图层一样。

4. 在时间轴面板底部，单击【切换开关/模式】按钮，显示出
【TrkMat】列。

5. 打开【Paddle Boarding】文本图层的【TrkMat】菜单，从中选择
【Alpha 遮罩 'Text Mask'】命令（图 4.38）。

【Text Mask】图层成为【Paddle Boarding】文本图层的轨道遮罩

把【Text Mask】图层的父级设置为【Paddle Tracker】图层

用作轨道遮罩的图层

被遮罩的图层

轨道遮罩菜单

图 4.38　把【Text Mask】图层指定为【Paddle Boarding】文本图层的轨道遮罩

这样，圆形遮罩图层就会跟着划桨手运动，就像那个可见的圆形图层一样。

6. 播放合成，确保一切工作正常。

在整个视频的制作中，涉及了许多内容，下面一起回顾一下。

- 在把【Text Mask】图层设置成轨道遮罩之后，它只显示【Paddle Boarding】文本图层（该图层位于圆形之下）的一部分。

- 在把【Text Mask】图层的父级设置为【Paddle Tracker】空对象图层之后，它跟着划桨手在画面中运动。

- 【Paddle Tracker】空对象图层用到的运动的轨迹是根据【paddle-board.mp4】图层创建的。

- 在把一个图层设置成另外一个图层的轨道遮罩后，充当轨道遮罩的图层会被隐藏起来，同时你会看到一个轨道遮罩图标，告诉你哪个图层是遮罩、哪个图层是被遮罩的图层。

如果你制作成功了，那么恭喜你，After Effects 中的这几个强大功能你已经学会了。

4.21 收集文件

★ ACA 考试目标 5.2

制作好一个项目之后，你可能想把它保存到另外一个硬盘中，以便释放当前工作盘中的空间。你可能会认为只要把项目文件复制过去就够了，但是不要忘了，After Effects 导入素材时只是添加了一个指向素材的链接，并不是真的把素材复制过来。也就是说，在转存项目文件时，我们必须知道每个导入文件的实际位置，并把它们全部复制到新的存储位置。

如果导入项目的素材全部存储在一个文件夹中，那复制起来并不难。但是，很多时候，这些素材分散在不同的硬盘或不同的文件夹中，这种情况下，你要把它们一一复制到目标位置就会非常麻烦。

为了解决这个问题，After Effects 提供了【收集文件】功能，它可以帮助我们把项目文件连同项目中用到的所有素材文件收集起来。而且，你可以指定是否把已导入项目但实际并未使用的素材忽略掉，忽略之后，新位置中保存的文件就全部是项目必需的文件了。

使用【收集文件】功能收集项目文件（图 4.39）的步骤如下。

1．从菜单栏中依次选择【文件】>【整理工程】>【收集文件】命令，打开【收集文件】对话框。

2．在【收集文件】对话框中，从【收集源文件】下拉列表框中选择你想为哪些合成收集文件。

3．根据需要，勾选你想使用的复选框。

4．在【收集文件】对话框的左下角，你会看到要收集的文件个数，以及大约占多少磁盘空间。若显示的数量大大高于或低于你的预期，请再认真检查一下，确保你的选择都是正确的。

5．如果你想向报告（保存在目标文件夹下）中添加注释，请单击【注释】按钮，输入注释内容，然后单击【确定】按钮。

6．单击【收集】按钮，指定要把文件收集到哪个文件夹中，然后单击【保存】按钮。

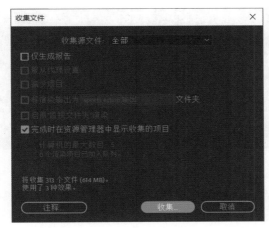

图 4.39 【收集文件】对话框

注意

在【收集文件】对话框中，勾选【仅生成报告】复选框，【收集】按钮会变成【保存】按钮，单击该按钮仅保存一个包含报告的文本文件。

4.22 同时导出多个合成

★ **ACA 考试目标 5.2**

当你制作的是一整套视频（例如客户一系列的宣传广告，或者像在本章中制作的一组短视频）时，允许同时渲染多个视频会给我们带来很大的便利。使用 After Effects 和 Adobe Media Encoder 可以轻松做到这一点。

要做批量渲染，必须先做多项选择。在 After Effects 中，首先在项目面板中选中多个选项，然后把它们同时发送到 Adobe Media Encoder 中。在 Adobe Media Encoder 的队列面板中，选中多个选项，修改渲染设置，此时，所有选中的选项都会受到影响。

把多个选项发送到 Adobe Media Encoder 中的步骤如下。

1．在项目面板中，按住 Ctrl（Windows）或 Command（macOS）键，单击你想选的各个合成和素材选项，把它们同时选中。

2．从菜单栏中依次选择【文件】>【导出】>【添加到 Adobe Media Encoder 队列】命令。

在 Adobe Media Encoder 中为多个选项调整渲染设置的步骤如下。

1．在队列面板中，选中所有你想编辑的选项。

2．单击你想调整的任意一个设置的蓝色文字。例如你想更改预设，你可以单击任意一个选项的【预设】下拉列表框下的蓝色文字（图 4.40）。

图 4.40 把所有介绍视频添加到 Adobe Media Encoder 队列，选中后编辑导出设置

3．调整设置，单击【确定】按钮。

即使你不做任何调整，这样做也是很有意义的，你可以通过这种方式检查所有选项的设置是否正确。

提示

确保每个选项的输出文件夹和文件名都正确。如果你忘记指定位置，文件可能无法导入你希望的文件夹中。

4．确认好所有设置之后，单击【启动队列】按钮（绿色三角形）。

当所有选项渲染完毕后，你可以前往指定的输出文件夹中，查看输出结果是否达到预期。

4.23　课后题

本章我们学习了为宣传片添加视觉效果的多种方法，你可以尝试自己制作一套视频，然后把它们发布到自己的社交媒体上，你可以在发布一个作品之前上传一个简短的介绍视频。

请检查每个社交平台对上传视频的要求。例如，本章中我们制作视频时使用的长宽比为 1 ∶ 1（正方形），这种视频很适合基于手机的社交平台。

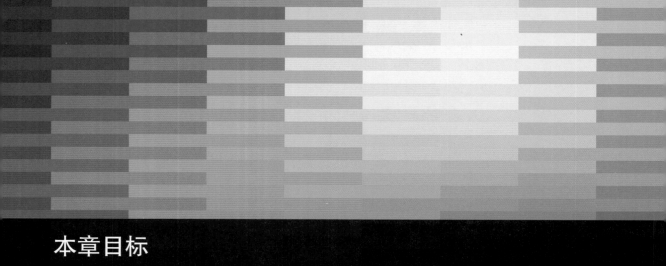

本章目标

学习目标

- 使用色度键抠像移除绿屏背景
- 使用【钢笔工具】、形状工具创建图层蒙版并编辑蒙版路径
- 使用和管理图层上的多个蒙版
- 复制和拆分图层
- 把一个合成帧导出为 Photoshop 文档
- 了解基本的摄影构图术语
- 使用标尺与参考线
- 创建一个轨道遮罩，透过文本显示视频
- 应用调整图层
- 使用 Adobe Dynamic Link 连接 After Effects 和 Premiere Pro

ACA 考试目标

- 考试范围 1.0
在视觉效果和动画行业工作
1.4，1.5
- 考试范围 2.0
项目创建与用户界面
2.1
- 考试范围 3.0
组织视频项目
3.2
- 考试范围 4.0
创建和调整视觉元素
4.1，4.2，4.3，4.4，4.6，4.7
- 考试范围 5.0
发布数字媒体
5.2

第 5 章

合成

　　合成，是 After Effects 的核心。借助强大、灵活的蒙版工具，你可以把素材、图形、文本图层组合在一起。本章中，我们将使用这些工具创建几个视频，作为红宝石餐馆的线上促销视频使用（图 5.1）。

　　在本章视频的制作中，你有很大的自由度。你可以把这些项目作为起点，深入探索 After Effects 的各个功能。在视频制作过程中，你可以自由地添加多种效果，而不必局限于本章的示例中使用的效果，也可以根据需要创建符合自己喜好的动画。

图 5.1 本章中要制作的视频

5.1 开始合成项目

★ ACA 考试目标 2.1

本章中，我们将向红宝石餐馆的数字菜单添加一些动画效果，并创建一个视频宣传这家餐馆的新推出的"免下车"购餐服务。

5.1.1 明确制作要求

制作之前，先跟客户做一些沟通，搞清楚视频的用途以及他们的要求。

- 客户：红宝石餐馆。
- 目标受众：排队等座就餐的顾客，尤其是孩子。
- 用途：娱乐顾客，并宣传新推出的"免下车"购餐服务。
- 交付格式：时长不超过 5 秒的短视频，帧尺寸为 1920px×1080px。

5.1.2 创建项目

在【ch5】文件夹中，你可以找到创建动画需要的所有文件，其中视频和静态图片是混在一起的。

新建项目的步骤如下。

1. 新建一个项目，命名为【Composite】，保存到【ch5】文件夹中。

2. 在【ch5】文件夹中，选中除了【proxies】文件夹和 Composite.aep 文件之外的所有文件。

提示

按照文件类型把文件分类之后，你可以更轻松地选中正确的文件。

3. 把选中的文件导入项目中，导入之后，你可以在项目面板中看到所有导入的文件。

导入文件时，注意把导入的文件组织得有条理一些。你可以把所有文件放到同一个文件夹中，也可以根据需要把它们放到不同的文件夹中。这里，我们把所有文件放入一个名叫【Media】的文件夹中。

5.1.3 借助文件名组织文件

在项目面板中，还有一种组织文件的方法，即通过文件名来组织文件。因此，在为文件命名时需要遵守一定的命名约定或命名方法，这有助于你记住各个文件的用途（图 5.2）。例如，文件名以"g"为前缀的文件用在绿屏合成中，文件名以"mask"为前缀的文件用作合成的蒙版。

名称	类型
proxies	文件夹
blend-cars.jpg	JPG 文件
blend-road.mp4	媒体文件 (.mp4)
gs-bg.jpg	JPG 文件
gs-fg.JPG	JPG 文件
gs-running.mp4	媒体文件 (.mp4)
mask1-bg.JPG	JPG 文件
mask1-fg.mp4	媒体文件 (.mp4)
mask2-bg.jpg	JPG 文件
mask2-fg.mp4	媒体文件 (.mp4)
trackmatte.mp4	媒体文件 (.mp4)

图 5.2　借助文件名组织文件夹中的文件

当然，你也可以不使用文件名来组织文件，而把相关文件放入一个子文件夹中。当你不能或不想创建新文件夹，但又想按名称把文件夹中的文件进行分类时，通过文件命名约定来组织文件会非常方便。当文件有可能被移动到其他文件夹中时，这种方法也非常有用，因为你一看到文件名就知道文件是用来干什么的。

5.1.4　把素材与已有代理连接起来

trackmatte.mp4 视频是一个 4K 文件，其码率非常高，编辑时有可能会拖慢计算机的运行速度，导致系统响应变慢。为了减轻编辑时计算机的负担，我们可以为这样的视频创建代理，你可以在【proxies】文件夹中找到我们已经为 trackmatte.mp4 视频创建好的代理。

接下来，我们需要把代理与源素材关联起来。此时，只把代理导入项目是不够的，我们还需要告诉 After Effects 应该把哪些代理文件和哪些素材关联在一起。关于如何做，前面第 4 章中就已经讲过了，下面让我们一起回顾一下。

把素材与已有代理关联起来的步骤如下。

1. 在项目面板中，选中源文件（trackmatte.mp4）。然后，从菜单栏中依次选择【文件】>【设置代理】>【文件】命令，打开【设置代理文件】对话框。

2. 在【设置代理文件】对话框中，找到并选中代理文件（trackmatte_proxy.mp4），然后单击【导入】（Windows）或【打开】（macOS）按钮。

如果你想回顾一下如何使用项目面板中的代理图标，请阅读第 4 章中"使用代理加快处理速度"部分的内容。

5.2　创建绿屏合成

★ ACA 考试目标 2.1

★ ACA 考试目标 4.1

我们从哪里入手呢？当然是先新建一个合成。下面，我们将基于一个已有的视频剪辑来创建合成。

创建绿屏合成（图 5.3）的步骤如下。

1．从 gs-running.mp4 新建一个合成，只要把它拖入空的合成面板中即可。

2．把新合成重命名为【Green Screen Comp】。

3．在项目面板中，把 Green Screen Comp 合成拖入一个名为【Comps】的文件夹中。

我们的目标是创建一个 1920px×1080px 的合成，由于创建合成时使用的素材已经是这个规格了，所以我们不需要再调整合成的设置了。

4．把 gs-bg.jpg 拖入合成中，使其在时间轴的堆叠图层中位于最底层。然后，把 gs-fg.jpg 拖入合成中，使其在时间轴的堆叠图层中位于最

图 5.3　等待移除绿屏背景的绿屏合成

顶层。这两张图片分别用作背景（bg）和前景（fg）。

5．在合成面板中，隐藏前面两个图层，检查刚刚添加的【gs-bg.jpg】图层，确保其尺寸与合成大小一致，并根据需要做必要的调整（请不要调整【gs-fg.jpg】图层）。

6．在时间轴面板中，显示出【gs-running.mp4】图层，暂时隐藏【gs-fg.jpg】与【gs-bg.jpg】图层。

现在，合成已经设置好了。接下来，我们从【gs-running.mp4】图层移除绿屏背景。

提示

检查图层大小之前，请先把视图缩小一些，这样才能看到所选图层的边界框。缩小的快捷键是Alt+Z（Windows）或Option+Z（macOS）。

拍摄绿屏剪辑

当要被替换的背景区域"交代"得很清楚时，我们很容易把它与其他部分分离开，这样替换背景就会变得很容易。你要替换的背景区域必须有一致的颜色和亮度。

拍摄带绿屏背景的场景时，应该注意如下几点。

- 背景均匀受光。若背景中有明显的亮点区域，此时，你可能需要增加照明设备来照亮背景中的其他区域，或者加装柔光设备，让光线扩散到整个背景上。使用与背景相配的灯光颜色／色温能够得到更真实的效果。

- 确保绿屏是干净的，并且没有褶皱。绿屏应该是纯色的，不带任何图案或渐变效果。要得到这样的绿屏，你可以购买专门的绿屏背景，也可以使用绿屏油漆自己制作。

- 模特与绿屏背景之间应该保持一定的距离，以防止人物的影子投到绿屏上，或者绿颜色映照到人物身体上，这样做容易让背景失焦（不过此时绿色屏幕上的污渍或皱纹就不会那么明显了）。

- 使用主灯与辅助灯确保人物主体有良好的照明，其中主灯是主光源，用来照亮人物主体。

- 添加轮廓光效果有助于把人物轮廓从背景中分离出来。

- 主体人物的服饰颜色不要与绿色相近，这样有助于抠图软件把需要移除的背景颜色识别出来。

5.3 绘制图层蒙版

★ ACA 考试目标 3.2

你是否已经注意到了？在 gs-running.mp4 视频中，画面中只有一部分有绿屏。因此，你可能会认为这样很难把人物从背景中抠出来。然而，事实并非如此，因为我们可以手动抠掉大部分背景。

处理绿屏合成时，第一步就是先绘制一个不透明度蒙版（opacity mask），这种蒙版的传统叫法是"垃圾蒙版"（garbage matte）。虽然我们可以让 After Effects 根据绿色轻松地移除背景，但是使用不透明度蒙版可以更快地把剪辑中不需要显示的区域遮掉，而且这样可以减少绿屏颜色中相似颜色的数量，使背景移除的时候更容易。

绘制图层蒙版的步骤如下。

1．在工具面板中，选择【钢笔工具】✏，然后选择【gs-running.mp4】图层。

这里，我们要绘制一个图层蒙版，而非新的形状图层。选中某个图层后，After Effects 就会知道新蒙版要作用到哪个图层上。

2．在合成面板中，围绕着人物多次单击，绘制一个蒙版，把人物圈起来（图 5.4）。

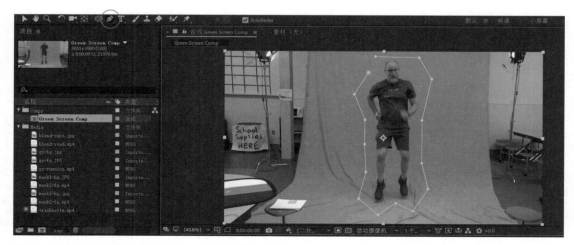

图 5.4 使用【钢笔工具】围绕人物单击，绘制蒙版路径

绘制蒙版时，蒙版边缘不要过于靠近人物，要在人物和蒙版边缘之间保持一定距离。请注意，每次单击都要在绿色区域中进行，万不可单击人物内部，也不要让蒙版边缘从人物身体上穿过。

3．路径绘制完毕后，单击第一个锚点闭合路径。

此时，路径自动闭合，蒙版之外的区域变为透明（图5.5），你只能看到合成的背景颜色（黑色）。

图 5.5　蒙版绘制完成

4．播放合成，检查整个持续时间内人物的身体是否会超出蒙版。

5．若有，把【钢笔工具】移动到相应的锚点上，当鼠标指针的形状从钢笔变为箭头时，按住鼠标左键拖动，调整蒙版形状。把【钢笔工具】移动到路径上，当钢笔图标右下方出现加号时，单击路径即可添加锚点。

当你把【钢笔工具】移动到一个锚点上时，鼠标指针的形状会从钢笔变为箭头，表示临时从【钢笔工具】切换为【选取工具】。

6．如果你想把直线变为曲线，请按住 Alt 键（Windows）或 Option 键（macOS）拖动锚点，即可出现控制手柄。此时，锚点两侧的直线段变成一条曲线（图5.6）。

7．重复步骤4，不断调整蒙版形状，直到人物身体的任何一部分都不超出蒙版。

提示

如果你用过其他Adobe 软件（如 Illustrator、Photoshop、Premiere Pro）中的【钢笔工具】，那么你一定会使用 After Effects 中的【钢笔工具】。

图 5.6　使用【钢笔工具】把直线变为曲线

5.3.1　编辑蒙版路径

前面讲过，如果你想移动蒙版上或形状路径上的锚点，只需把【钢笔工具】移动到相应的锚点之上，然后拖动即可。当你想对路径锚点做些其他修改时，你可以使用【钢笔工具组】中的其他工具（图 5.7），把鼠标指针移动到【钢笔工具】之上，按住鼠标左键，即可打开【钢笔工具组】。

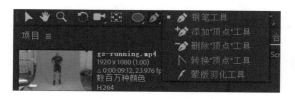

图 5.7　【钢笔工具组】中的各种工具

- 添加【顶点工具】：单击路径锚点之间的路径，添加新锚点。
- 删除【顶点工具】：单击路径上的锚点，将其删除。
- 转换【顶点工具】：该工具用来把角点转换为平滑点，或反过来。使用这个工具拖动一个角点，即可将其转换成平滑点，曲线形状与拖动方式有关。使用该工具拖动一个平滑点，可以将其转换成角点。

此外，在【钢笔工具组】之下还有一个【蒙版羽化工具】。这个工具不会改变锚点类型，它用来羽化蒙版边缘（模糊），使当前图层与下方图层自然地混合在一起。【蒙版羽化工具】的最简单用法：单击路径，然

提示

如果你想熟练地掌握【钢笔工具】的用法，可以去找一些讲解 Illustrator【钢笔工具】及其相关工具的教程。许多 Adobe 软件中的路径绘制工具都是建立在 Illustrator 中的相应工具之上的。

后拖动改变蒙版边缘的羽化程度。当然，你也可以通过修改【蒙版羽化】属性值来羽化蒙版边缘。【蒙版羽化工具】的高级用法：单击路径上的多个羽化点，然后拖动每一个羽化点，这样就可以沿着路径应用不同的羽化程度。

5.3.2　控制蒙版和形状路径的可见性

编辑合成时，如果你发现蒙版或形状路径碍事，可以随时把它们隐藏或显示出来，只要单击合成面板底部的【切换蒙版和形状路径可见性】图标 即可（图 5.8）。

单击【切换蒙版和形状路径可见性】图标，并不会把蒙版形状或结果隐藏起来，它隐藏的是用来控制形状或路径的锚点与路径段。

编辑蒙版和形状路径时，我们希望它们是可见的；而在处理合成的其他部分时，我们更希望把控制手柄和控制框隐藏起来。

图 5.8　单击【切换蒙版和形状路径可见性】图标，显示或隐藏所选图层的路径

5.4　使用【Keylight】效果

【Keylight】是一个非常好用的效果，你可以使用它快速、高效地删除绿屏等背景。Keylight 中的 Key 指的是你想删除的颜色或色调，删除之后，下方的背景就会显示出来。当你要删除的背景拥有特定颜色时，你可以通过"抠像"技术移除键控颜色。

★ ACA 考试目标 1.5

★ ACA 考试目标 4.6

下面我们将使用【Keylight】效果把【gs-running.mp4】图层中跑动的人物从绿屏背景中抠出来。

有时抠掉背景不是一件容易的事，粗糙的边缘、头发、运动模糊都会让主体的轮廓不清晰，这样我们就无法精确地抠掉背景。因此，我们经常需要把【Keylight】效果与其他清理蒙版相关的效果配合使用，这样才能得到比较理想的抠像效果。

此时，动画预设正好可以派上用场。【Keylight＋抠像清除器＋高级溢出抑制器】动画预设把3个效果打包成一个动画预设，这样只要把这个常用的效果组合添加到图层就够了。

添加抠像效果的步骤如下。

1．在效果和预设面板的搜索文本框中，输入"Keylight"。

2．从效果和预设面板的【动画预设】组中，把【Keylight＋抠像清除器＋高级溢出抑制器】拖到【gs-running.mp4】图层上，或者双击将其添加到所选图层上。

5.4.1　指定要移除的背景颜色

下面我们需要告诉【Keylight】效果你想抠掉哪种颜色。这里，我们要抠掉的是绿屏上的绿颜色。如果你不知道绿屏的颜色值，你可以直接使用【吸管工具】（这个颜色采样工具可以拾取单击处的颜色）吸取绿屏上的颜色。

■ 在【效果控件】面板中，单击 Screen Color 右侧的吸管图标（图 5.9），然后在合成面板中单击绿屏区域。

此时，绿屏区域变为黑色。这正是我们想要的，绿屏抠掉之后，你就会看到合成的背景颜色——黑色。

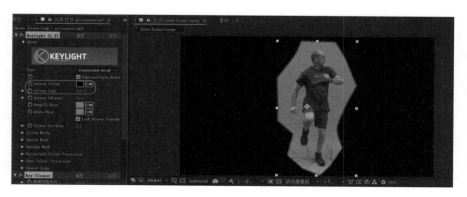

图 5.9　抠掉绿屏背景

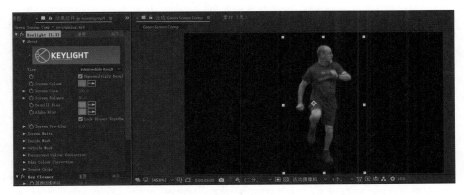

图 5.9　抠掉绿屏背景（续）

5.4.2　透明蒙版区域与不透明蒙版区域

大多数蒙版都有两个区域：白色区域（完全不透明的图层区域）与黑色区域（完全透明的图层区域）。灰色区域（非全白或全黑区域）是半透明区域，除了蒙版边缘的过渡部分之外，大多数情况下，我们都不想蒙版有半透明区域。

在【Screen Matte】视图模式下，你会看到主体人物上的一些区域不是全白的，例如 T 恤中上部的一块区域。而且，有一些黑色蒙版区域也不是全黑的。这些区域都是半透明区域，这些区域不是我们想要的。此外，在把【View】设置成 Intermediate Result 之后，你会在人物轮廓上看到一些绿色光晕。

虽然你只能选择一种屏幕颜色，但是你可以对根据所选颜色创建出来的蒙版进行调整。接下来，我们将调整根据绿屏创建的蒙版，步骤如下。

1. 在【Keylight】效果下，单击【View】右侧的下拉箭头，从弹出的下拉列表框中，选择【Screen Matte】选项。

在【Screen Matte】视图模式下，你只能看到所选蒙版的内容。这样，你可以很容易地发现蒙版上的小瑕疵。

2. 展开【Screen Matte】属性组，边观察蒙版，边调整【Clip Black】值。这里，我们把【Clip Black】值设置为 16，具体值根据单击处绿颜色的明暗确定。

【Clip Black】类似于【色阶】效果中的【输入黑色】属性，其在更高色调级别上重定义了黑色，这样有更多接近黑色的颜色会被看成黑色，深色蒙版区域变为全黑色（图 5.10），保证透明的蒙版区域完全透明。

> **提示**
>
> 如果蒙版中的半透明区域太多，请尝试把【Screen Color】（屏幕颜色）设置成另外一种与绿屏颜色更接近的颜色。

> **提示**
>
> 【Keylight】效果下的【View】下拉列表框为我们提供了多种查看蒙版的方式。你可以使用不同的查看方式轻松找到需要清理的区域。

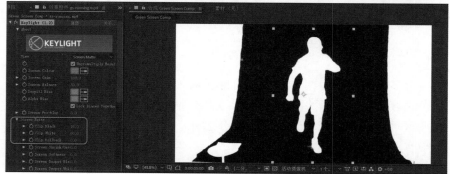

图 5.10 调整【Screen Matte】属性之前（上）和之后（下）

3．调整【Clip White】值，使白色区域更白。这里，我们将其设置为 60。

【Clip White】在更低色调级别上重定义了白色，这样有更多接近白色的颜色会被看成白色，浅色蒙版区域变得更白，这样主体区域会变得完全不透明。

调整这些属性值时，一定要注意观察蒙版边缘的变化。如果这些属性值调得过大，蒙版边缘就会变得过分清晰、明显。

提示

增大视图缩放级别更有助于观察蒙版边缘的情况。

5.4.3　清理蒙版边缘

创建蒙版时，把主体和透明蒙版区域分开只是第一步。接下来，我们还需要检查主体和蒙版之间的边缘，确保合成看起来真实、自然。蒙版边缘应该紧贴着主体，并且做到无缝过渡。粗糙的蒙版边缘很容易引起观众的注意，让合成看上去显得很"假"。

首先，你要仔细观察一下蒙版边缘，然后对蒙版边缘做一些清理。

清理蒙版边缘的步骤如下。

1．在【Keylight】效果中，单击【View】右侧的下拉箭头，从下拉
列表框中选择【Final Result】选项。

在人物周围有一些绿色光晕，当绿屏没有完全清除时，就会出现这
些区域，这是因为运动模糊导致了绿色混入蒙版边缘，或者绿色映到人
物的皮肤上。这种现象称为颜色"溢出"，背景颜色会溢出到人物主体
上。调整【Clip Black】和【Clip White】属性无法解决这个问题，我们
必须使用另外一个工具。这就是【Key Cleaner】效果。你可以在添加到
图层的动画预设中找到它。

2．在【Key Cleaner】效果下，把【Additional Edge Radius】（其他边
缘半径）设置为0。

现在，蒙版边缘看起来就自然多了（图5.11）。

注意

如果你没看到【Key
Cleaner】效果，请向
下拖动【效果控件】
面板右侧的滚动条。

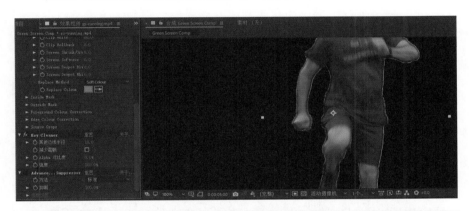

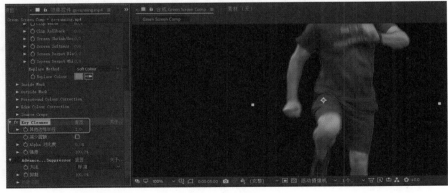

图 5.11　调整【Additional Edge Radius】（其
他边缘半径）属性值
之前（上）与之后
（下）

3．打开【gs-bg.jpg】图层左侧的眼睛图标，查看人物在背景图片上
的效果。

提示

如果仍能看见清晰的
边缘残留，你可以尝
试增加【Keylight】效
果的【Screen Matte】属
性下的【Clip Rollback】
的值。

4．保存项目。

上面讲的这些是移除背景的一些基础知识。移除背景所采用的技术在不同情况下有所不同，主要由素材的质量、绿屏的光照条件，以及拍摄情况确定。所以，你可以在本课中使用的 3 个效果下看到大量控制选项。抠像是一个反复调整的过程，根据源素材和色度键的质量，你可能需要不断调整这些效果，才能获得最佳结果。

5.5　向背景应用效果

★ ACA 考试目标 1.4

★ ACA 考试目标 4.6

为了实现某个视觉效果，在把素材添加到合成之中后，我们通常还会向素材图层添加一些效果对素材进行调整，以强化或增加素材的某些方面。一个合成的背景往往有多种调整方法，对于本示例项目中的前景和背景，你可以根据自身喜好随意进行调整。

为移动的对象添加蒙版

前面我们学习了如何使用【钢笔工具】绘制蒙版路径。对于在画面中运动的对象，我们应该如何为其添加蒙版呢？我们可以添加关键帧并修改每个关键帧上蒙版点的位置，以为绘制的路径制作动画。但是，如果对象轮廓很复杂且在运动期间频繁变化（例如奔跑中的人物或动物），制作路径动画时，手工设置关键帧会非常麻烦。

对于这个问题，我们可以使用【Roto 笔刷工具】解决。【Roto笔刷工具】 基于以前的电影合成技术——转描技术（rotoscoping），制作者会在电影的每个帧上手绘蒙版。【Roto 笔刷工具】的不同之处是它是半自动的。首先，你使用【Roto 笔刷工具】绘制一个初始蒙版，告诉 After Effects 如何识别对象。然后，借助第 4 章中提到的运动跟踪技术，After Effects 调整每一个帧上的蒙版形状。接下来，你可以使用【调整边缘工具】清理边缘。

5.5.1　使用【色相 / 饱和度】效果

向背景图层应用【色相 / 饱和度】效果的步骤如下。

1．单击【gs-running.mp4】图层左侧的眼睛图标，将其隐藏起来，把【gs-bg.jpg】图层显示出来。

这样，我们可以把全部精力放到背景图层上。如果你想查看前景与背景图层合成在一起的效果，你随时可以把【gs-running.mp4】图层显示出来。

2．在效果和预设面板中找到【色相 / 饱和度】效果，将其应用到【gs-bg.jpg】图层上。

3．调整【主色相】属性（图 5.12），观察其对背景图层中颜色的影响。

图 5.12　调整【色相 / 饱和度】效果下的【主色相】属性，改变图像颜色

调整【主色相】属性时，你会发现小狗身上的颜色没怎么变，这是因为小狗身体的颜色主要是灰色。未勾选【彩色化】复选框时，【色相/饱和度】效果主要影响彩色区域。仔细观察，你会发现小狗身上零星有一些彩色区域，当你调整【主色相】属性时，这些彩色区域的确会发生一些变化。

如果你用过 Photoshop 中的【色相/饱和度】调整工具，那你肯定不会对【色相/饱和度】效果感到陌生，它们工作原理类似。

图 5.13　勾选【色相/饱和度】效果下的【彩色化】复选框，把一种色相应用到整个图像上

【主色相】属性会根据你输入的数值沿着色相轮改变图层颜色。你可以通过调整【主饱和度】和【主亮度】属性值进行调整（【通道范围】属性是一个高级选项，默认情况下没有任何控件，当你从【通道控制】下拉列表框中选择一个通道后，才会显示出相应的控件）。

4．勾选【彩色化】复选框（图 5.13）。

【彩色化】会把一种色相应用到整个图像上。勾选【彩色化】复选框之后，【主色相】【主饱和度】【主亮度】属性将不可用，同时【着色色相】【着色饱和度】【着色亮度】属性将可用。

5.5.2　使用【着色 – 红外线】预设

与其他效果类似，【色相/饱和度】效果也可以作为动画预设的一个部分使用。【着色 - 红外线】预设就使用了【色相/饱和度】效果。

应用【着色 - 红外线】预设的步骤如下。

1．在【效果控件】面板中，单击【色相/饱和度】效果左侧的【fx】图标，取消应用效果。单击三角形图标，把【色相/饱和度】效果折叠起来。

2．在【效果和预设】面板中，找到【着色 - 红外线】效果，将其应用到【gs-bg.jpg】图层上。

3．保存项目。

【着色 - 红外线】效果可以用来模拟红外线摄影效果，但其与使用红外线胶片或红外线传感器拍摄的图片并非完全一样。

在效果控件面板中，你可以看到【着色 - 红外线】预设由【Solid Composite】【Levels】【Hue/Saturation】这三个效果组成。通过调整各个效果的属性，你可以改变预设呈现的效果。

5.6 向前景添加【亮度键】效果

★ ACA 考试目标 4.6

抠除绿屏时，我们使用了"色度键"技术来抠除一种颜色。针对亮度级别，你可以使用相同的技术，也就是说，你可以根据亮度抠掉图层的某个区域，这称为"亮度键控"。

当你想抠掉的区域是黑色或白色（或者非常接近黑色或白色）时，【亮度键】用起来非常方便。如果你要抠的主体中不含有纯黑或纯白时（主体不包含在蒙版中），亮度键最好用。

接下来，我们将使用【亮度键】抠掉草地图层（用作前景）中的黑色背景。奔跑的男人所在的图层作为中景使用。

拍摄草地时，为了方便后期使用【亮度键】抠掉背景，我们特意在草地背后放了一张黑卡纸。你知道怎么用【亮度键】去掉草地的背景吗？其实就是用【亮度键】效果根据背景中黑卡纸的亮度范围进行抠除。

使用【亮度键】效果创建蒙版的步骤如下。

1．单击【gs-fg.jpg】图层左侧的眼睛图标，把图层显示出来，然后调整图层的大小、位置，使其符合合成画面。

2．在效果和预设面板中，找到【亮度键】效果。

3．把【亮度键】效果从效果和预设面板拖到【gs-fg.jpg】图层上。

此时，【亮度键】效果什么都没做。接下来，我们得告诉这个效果要找什么亮度范围。

4．调整【阈值】属性值，直至背景消失。一边调整【阈值】属性值，一边仔细观察主体边缘（草叶）。【阈值】属性值切不可设置得过大，否则草叶也会一起被抠掉（图 5.14）。

注意

如果你想抠掉白色，则应该在【键控类型】下拉列表框中选择【抠出较亮区域】选项。

图 5.14　调整【亮度键】效果的【阈值】属性值，抠出图层中最暗的区域

5.　若有必要，调整【容差】【薄化边缘】【羽化边缘】属性，进一步调整蒙版。对于【gs-fg.jpg】图层，我们并不需要这样做。

【亮度键】与其他键控效果的工作原理类似，需要我们注意以下几点。

- 告诉它要找什么。
- 告诉它如何包含相似区域。
- 告诉它如何处理边缘对比度和柔和度。

使用 2D 图层模拟浅景深

在传统的摄影与摄像中，一个场景可以从前景到背景都是清晰的，这叫"深景深"。当然，一个场景也可以是浅景深的，此时只有主体是清晰的，而前景与背景都处在失焦状态。影响景深的因素有镜头光圈、胶片或传感器尺寸、相机与被摄体间的距离，以及被摄体与背景间的距离。

当 2D 动画中需要添加景深效果时，动画师们通常会通过人工模糊 2D 图层来模拟景深效果。这种做法开始于电影动画时代，现在我们使用 After Effects 等数字工具就能轻松地实现它。在 After Effects 中，我们可以通过向图层应用模糊滤镜来模拟景深效果。

使用 2D 图层模拟景深的步骤如下。

1. 在效果和预设面板中，找到【摄像机镜头模糊】效果，将其应用到【gs-fg.jpg】图层上。

2. 在效果控件面板中，根据需要，调整【模糊半径】值（图 5.15），这里设置为 15.0。

图 5.15　向前景图层添加【摄像机镜头模糊】效果模拟失焦

模糊效果应该同时应用到前景与背景图层上。在向背景添加【摄像机镜头模糊】效果时，并不需要重复步骤 1 与 2，你只要复制添加到前景图层上的【摄像机镜头模糊】效果，然后将其粘贴到背景上即可。

3. 在效果控件面板中，选择【摄像机镜头模糊】效果，从菜单栏中依次选择【编辑】>【复制】命令。

4. 在时间轴面板中，选中【gs-bg.jpg】图层，从菜单栏中依次选择【编辑】>【粘贴】命令，把【摄像机镜头模糊】效果原封不动地应用到【gs-bg.jpg】图层上。

注意

通过复制粘贴把一个效果从一个图层添加到另外一个图层时，这两个效果是同一个效果的不同实例，它们各自独立。调整一个实例的设置不会影响到另外一个实例，你必须分别调整它们。

处理 2D 图层时，有时 After Effects 会使用高斯模糊或【效果和预设】面板中其他可用的模糊效果来模拟景深效果。但是，本例中，我们选用了【摄像机镜头模糊】效果来模拟景深，这是一个更好的选择，原因何在？

在合成中，模拟景深时，针对图层应用等量模糊是不行的，根据摄像机、主体、背景之间距离的不同，模糊的数量也不同。而且，不同的镜头产生的模糊也不同，模糊形状与光圈片数以及光圈开放的形状有关。【摄像机镜头模糊】效果提供了多个属性，帮助我们模拟真实的镜头模糊效果，例如形状、衍射条纹。通过【模糊图】属性，我们可以向一个图层添加不同级别的模糊，把离焦点越远越模糊的效果模拟出来。

如果你只想要一种与景深无关的简单模糊，那可以选择任意一种适合你需要的模糊效果。

另外一种实现景深效果的方法是使用 After Effects 中的 3D 图层和摄像机，使用 3D 相机和镜头设置模拟真实世界中的摄像场景。第 6 章我们会详细讲解 3D 图层和摄像机。不过，与模糊 2D 图层相比，要在 3D 图层中正确地设置景深，不仅需要你做好规划，还需要你有一定的经验。

5.7 复制图层

下面我们把奔跑的人物复制多次，为合成视频增加点氛围，这在 After Effects 中可以很容易地办到。

5.7.1 复制奔跑的人物

我们的想法是把奔跑的人物复制多次，让画面中看起来就像有一组人的样子。为此，我们要复制图层、缩放图层，并且调整图层的位置。

这些操作前面都已经做过，所以做起来应该很快。

执行如下操作步骤，复制人物。

1．选中【gs-running.mp4】图层。

2．从菜单栏中依次选择【编辑】>【重复】命令。

3．重复上一步，再复制一个图层。

4．调整两个副本的位置、大小，让画面中看起来就像有一组人，并且每个人离观众的距离略有不同（大小略有不同）。

可以把两个副本预合成到一个名为【Back Runners】的嵌套合成中。虽然这一步不是必须要有的，但是如果你想把项目中的图层整理一下，就可以这样做。

提示
【重复】命令的快捷键为 Ctrl+D（Windows）或 Command+D（macOS）。

5.7.2　添加文本

制作视频的最后一步是向合成中添加一行文本。经过前面的学习，相信添加文本对你来说应该不是什么难事，步骤如下。

1．选中最前方的人物图层下的一个图层。

2．使用【横排文字工具】添加一个文本图层，输入文本"Dash into the diner！"。

3．参考前面的视频制作过程，对文本进行格式化，应用 Impact 字体，并把文本放到画面中间（图 5.16）。

提示
通过调整图层大小和位置模拟 3D 深度其实就是在模拟透视关系。在 2D 中模拟深度关系的方法有多种，你可以尝试研究一下不同文化下传统艺术中使用的透视方法，并掌握它们。

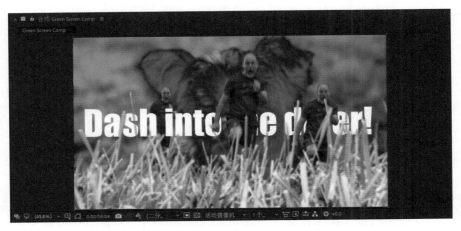

图 5.16　添加到合成窗口中的文本

4．选择一个动画预设，应用到文本上。

5．保存项目。

5.8　导出为 Photoshop 文档

★ ACA 考试目标 5.2

After Effects 与 Photoshop 有多种协作方式。前面我们已经讲过，如何把一个 Photoshop 文档导入 After Effects 中并分别为各个图层制作动画。反过来，你也可以把一个 After Effects 合成导出为 Photoshop 文档。After Effects 合成中的图层会被转换成 Photoshop 中的图层。

我们可以在 Photoshop 中使用 After Effects 合成中的图形，这一点对于今天的多渠道营销活动很有价值，因为同样的图形可以应用到影片、电视商业广告、社交媒体、网页广告、海报中。

把一个 After Effects 合成导出为 Photoshop 文档的步骤如下。

1．在合成处于打开的状态下，把当前时间指示器拖动到你想导出的那一帧。

2．从菜单栏中依次选择【合成】>【帧另存为】>【Photoshop 图层】命令。

被导出的 Photoshop 文档与合成的名称相同，但扩展名为 .psd。如果你的计算机中安装了 Photoshop，你可以使用它打开刚刚导出的文档，然后你会发现以下几点。

- 文档尺寸与合成的帧大小一样。
- 合成的图层变成了 Photoshop 中的图层。
- 嵌套合成变成了 Photoshop 中的图层组。

3．关闭 Photoshop，返回 After Effects。

5.9　知识回顾

★ ACA 考试目标 1.5

下面我们一起回顾一下前面用过的一些术语，其中有些术语还会出现在 ACA 考试中，因此需要大家掌握这些术语。

制作绿屏合成中，用到了下面这些术语，让我们回顾一下这些术语的含义。

- 前景：那些最靠近观众的图层就是前景。一般来说，主体对象就是最常见的前景，但也不是一定如此。例如，在 Green Screen Comp 合成中，主体对象图层就属于中景，草丛图层属于前景。
- 背景：离观众最远的图层就是背景，例如示例中的小猫图层。
- 景深：从观众角度看，景深指的是整个拍摄场景的清晰范围。在深景深下，场景中的大多数物体都是清晰的；在浅景深下，整个场景中通常只有主体对象是清晰的，而其他对象则是模糊的（图 5.17）。

背景

深景深，所有图层都是清晰的

前景

浅景深，只有中景图层是清晰的

图 5.17　前景、背景、景深

- 参考线：第 1 章我们提到，如果在合成面板中打开标尺（【视图】>【显示标尺】命令），那你可以从标尺上拖出水平与垂直参考线

（图 5.18）。导出文件时，参考线不会被导出，它们只用来帮你把图层对齐到画面指定的位置上。

- 三分法：三分法最早被作为绘画和素描的一种构图方法。在三分法中，整个画面被 4 条线（两横两纵）分成 9 部分，画面中的重要元素放在 4 个交叉点上。在 After Effects 中，你可以向画面中添加 4 条参考线来使用三分法。

当然，不是每个合成都会用到上面提到的所有术语。这些传统术语在许多视觉领域中都会用到，而且在与同事、客户交流时也会用到，所以了解它们所代表的含义非常重要。

图 5.18 添加参考线
创建三分法构图

三分法构图下的交叉点

5.10 制作"会说话的小狗"

★ ACA 考试目标 2.1

下面我们往狗身上添加一张人嘴，制作一只"会说话的小狗"。最终效果可能比不上科幻电影中那些花大价钱制作的会说话的动物，但是就红宝石餐馆来说，这个效果已经足够了，只要能把观众逗笑，让他们觉得有趣、好玩就行了。

不管做什么项目，我们都得从创建合成开始，这次也不例外，但这里创建合成时，我们将使用一些更快捷和有效的方式。

新建合成的步骤如下。

1．在项目面板中，选择【Comps】文件夹。这样，新创建的合成就会被 After Effects 自动放入这个文件夹，就不用我们手动把新合成拖入这个文件夹了，这可以为我们节省一些时间。

2．按快捷键 Ctrl+N（Windows）或 Command+N（macOS）（是【合成】>【新建合成】命令的快捷键），打开【合成设置】对话框，进行如下设置。

- 在【合成名称】中输入"Mask1"。
- 从【预设】下拉列表框中，选择【HDTV 1080 29.97】。
- 把【持续时间】设置为 5 秒。

3．单击【确定】按钮。

4．把 mask1-bg.jpg 从项目面板拖入 Mask1 合成中，然后使用你最熟悉的方法调整图片的位置和尺寸，使其适合合成画面。

5．把 mask1-fg.mp4 从项目面板拖入 Mask1 合成的时间轴面板中，并使其位于最顶层（图 5.19）。

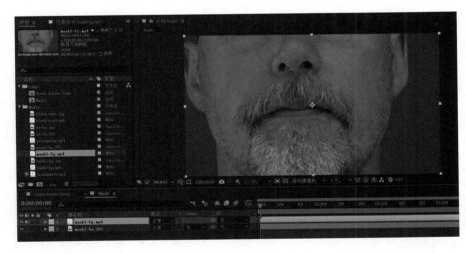

图 5.19 已经添加好素材的 Mask1 合成

5.11 创建椭圆蒙版并制作动画

★ ACA 考试目标 3.2

经过前面的学习，相信你已经知道如何把一张人嘴放到狗嘴上了：

★ ACA 考试目标 4.4

我们需要绘制一个蒙版，把人嘴之外的部分全部隐藏起来。After Effects 是一个专业的合成工具，它为我们提供了很多方法来实现这一点。

5.11.1　向合成中添加参考线

绘制蒙版之前，我们先向合成画面中添加 4 条参考线（图 5.20），步骤如下。

提示

【视图】>【显示标尺】命令对应的快捷键是 Ctrl+R（Windows）或 Command+R（macOS）。

1. 从菜单栏中依次选择【视图】>【显示标尺】命令，在合成面板中打开标尺（位于合成面板的左侧和顶部）。

2. 把鼠标指针放到水平标尺上，按住鼠标左键并向下拖动，创建出一条参考线，将其移动到嘴唇上方，即蒙版的上边缘。

3. 重复步骤 2，再创建一条水平参考线，将其拖动到嘴唇下方，即蒙版的下边缘。

4. 把鼠标指针放到垂直标尺上，按住鼠标左键并向右拖动，创建出一条参考线，将其移动到人嘴左侧，即蒙版的左边缘。

5. 重复步骤 4，再创建一条垂直参考线，将其拖动到人嘴右侧，即蒙版的右边缘。

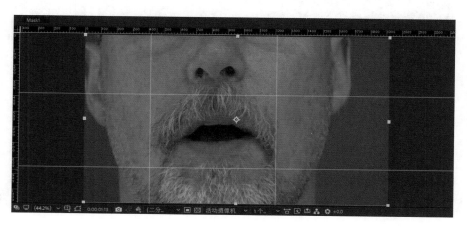

图 5.20　在画面中设置好 4 条参考线

提示

为了确保准确，你可以打开信息面板，一边拖动参考线，一边观察位置。

6. 保存项目。

接下来，我们为人嘴绘制蒙版。

5.11.2　使用形状工具绘制蒙版

使用形状工具绘制蒙版可能是创建蒙版最直观的方式之一。就像在绘图程序中一样，你只要选择所需要的工具，然后拖动绘制即可。

下面我们使用【椭圆工具】绘制蒙版，步骤如下。

1. 确保【mask1-fg.mp4】图层处于选中状态，这样使用【椭圆工具】创建的就是蒙版，而不是形状图层。

2. 从工具面板中，选择【椭圆工具】。

3. 拖动创建蒙版形状。这里，我们从参考线的左上交点开始向右下交点拖动，创建蒙版（图 5.21）。

图 5.21　绘制椭圆蒙版

除了合成面板之外，蒙版还出现在时间轴面板中，你可以编辑蒙版的各个属性，并为它们制作动画。

接下来，我们尝试使用另外一种方法创建蒙版。在时间轴面板中选中刚刚绘制的蒙版，然后按 Delete 键将其删除。

5.11.3　精确创建蒙版

在一个多人协同制作的项目中，项目中用到的素材、蒙版的位置坐标都是指定的，你需要按照指定的参数将其制作出来，这样才能顺利地使用其他成员创建的内容。这种情况下，我们就不能使用手动绘制的方式来创建蒙版了，更好的做法是从一开始就使用数值来创建蒙版。接下来，我们就尝试这样做一下。

精确创建蒙版的步骤如下。

1. 在【mask1-fg.mp4】图层处于选中的状态下，从菜单栏中依次选择【图层】>【蒙版】>【新建蒙版】命令。

在合成面板中，新建的蒙版形状与画面尺寸相同。在合成画面中，你可以看到蒙版形状和控制点。

2. 在时间轴面板中，找到【蒙版 1】蒙版，单击【蒙版路径】属性中的【形状】属性。

3. 在【蒙版形状】对话框中，设置如下属性（图 5.22）。

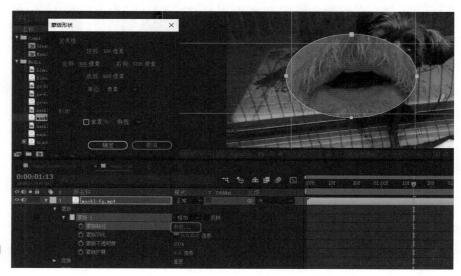

图 5.22　【蒙版形状】对话框和最终蒙版

- 【定界框】：把【顶部】【左侧】【右侧】【底部】分别设置为 320、380、1220、880，指定蒙版 4 条边的位置，基准点在画面的左上角。
- 单位：设置为【像素】。
- 形状：勾选【重置为】复选框，从下拉列表框中选择【椭圆】选项。不论当前形状如何，你都可以把任意一条蒙版路径重置为矩形或椭圆。例如，你可以把一条任意形状的路径重置为一个圆形或矩形。

4．单击【确定】按钮。

5.11.4　调整蒙版属性

前面创建色度键蒙版时，我们对蒙版进行了调整，使其边缘更自然地融入背景中。这里，我们也会这么做。不同的是，这里调整的是图层的内置属性，而不是效果，我们需要调整的所有控件都在时间轴面板中，而不在效果控件面板中。

可以看到，我们要调整的属性与【蒙版路径】属性在同一个蒙版属性组中。

调整【蒙版1】蒙版（图5.23）的步骤如下。

图 5.23　调整之后的蒙版

提示
【蒙版羽化】属性的两个值分别代表水平羽化和垂直羽化。在取消它们之间的约束之后，你可以沿水平方向或垂直方向应用不同的羽化值。

1．修改【蒙版羽化】属性值，把蒙版边缘自然地融入后面图层。这里，我们把【蒙版羽化】属性值设置为80。

2．在1:08处，为【蒙版扩展】属性设置一个关键帧。【蒙版扩展】属性的默认值为0。

3．在1:04处，再次为【蒙版扩展】属性设置一个关键帧，把【蒙版扩展】属性值设置为−320。

4．在4:01处，为【蒙版扩展】属性设置一个关键帧，把【蒙版扩展】属性值设置为 0；然后在 4:04 处，再设置一个关键帧，把【蒙版扩展】属性值设置为 −320，关闭蒙版。

5．调整蒙版的大小与位置，使其位于小狗嘴巴之上。

6．保存项目。

提示

如果你不再需要参考线了，可以在菜单栏中依次选择【视图】>【清除参考线】命令，把参考线清除。

如果觉得这个效果太老套，你可以继续调整蒙版属性，或者使用【钢笔工具】编辑一下蒙版形状，让嘴巴更自然地贴合到小狗的面部。

5.12　掌握蒙版技术

★ ACA 考试目标 3.2

★ ACA 考试目标 4.4

下面我们练习一下前面学过的蒙版技术。

这次，我们要制作的还是一只"会说话的狗狗"，使用的前景和前面是一样的，但是背景换了。

制作"会说话的小狗"的步骤如下。

1．在【Comps】文件夹中新建一个合成，命名为【mask2】，其他设置与前面一样。

2．把 mask1-fg.mp4 和 mask2-bg.jpg 添加到新创建的合成中，并使 mask1-fg.mp4 位于最顶层。

3．接下来的操作和前面一样，请自行尝试。

5.13　创建轨道遮罩合成

★ ACA 考试目标 2.1

★ ACA 考试目标 4.2

下面我们要创建一个合成，它使用轨道遮罩来透过文本显示视频。

新建轨道遮罩合成（图 5.24）的步骤如下。

1．在【Comps】文件夹中新建一个合成，命名为【Track Matte】，其他设置与前面一样。

2．从菜单栏中依次选择【图层】>【新建】>【纯色】命令，在【纯色设置】对话框中，设置【名称】为 Background，【颜色】为白色，向合成中添加纯色图层。

3．使用【横排文字工具】新建一个文字图层，输入两行文本 "Ruby's

Diner"与"Open 24/7"。使用前面的设置将文本格式化，字体选择Impact。

4．向合成中添加 trackmatte.mp4 素材，并使其在时间轴面板中位于文本图层之下。

至此，所有素材就设置好了。接下来，我们创建轨道遮罩效果。

图 5.24 创建轨道遮罩需要的所有素材都已准备好

5.14 创建轨道遮罩

第 4 章中我们创建过轨道遮罩，把圆形蒙版后面的文本图层的一部分显示了出来。这里，我们创建一个轨道遮罩，让视频透过文本图层显示出来。

创建轨道遮罩需要做如下两件事。

- 在时间轴面板中，确保充当轨道遮罩的图层位于被遮罩图层之上。
- 在时间轴面板中，从被遮罩图层的【TrkMat】下拉列表框中选择充当遮罩的图层。

下面实际操作一下。

把文本图层用作轨道遮罩（图 5.25）的步骤如下。

1．在时间轴面板中，确保文本图层位于【trackmatte.mp4】图层之上。

2．从【trackmatte.mp4】图层的 TrkMat 下拉列表框中，选择【Alpha 遮罩"Ruby's Diner Open 24/7"】选项。

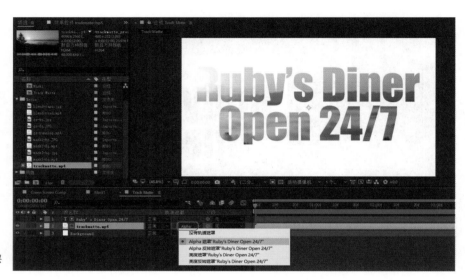

图 5.25　把文本图层设置为轨道遮罩

如果你在时间轴面板看不到 TrkMat 下拉列表框，请单击时间轴面板底部的【切换开关 / 模式】按钮。

此时，【轨道遮罩】图标出现在两个图层上，并且轨道遮罩图层也自动隐藏了起来。

3．调整视频的入点和出点，让视频在合成的 5 秒时长内呈现出最好的视觉效果。

使用轨道遮罩能够制作出非常吸引人的效果，而且使用起来既快捷又方便，你应该熟练掌握轨道遮罩的用法。

5.15　应用图层样式和动画

★ ACA 考试目标 4.2

★ ACA 考试目标 4.6

接下来，我们想让文字变得更醒目一些。在 After Effects 中，我们有许多方法可以实现这个目标。这里，我们通过添加图层样式和动画预设来实现。

前面我们已经用过图层样式和动画预设了，所以下面这些内容对大家来说应该算是一种回顾和练习。但是，学习过程中，你不必完全按照下面讲解的步骤来，你可以自己选择要使用哪种效果以及如何设置各个选项。

添加图层样式（图 5.26）的步骤如下。

1．选中要添加图层样式的图层，这里是【trackmatte.mp4】图层。

2．从菜单栏中依次选择【图层】>【图层样式】命令，从子菜单中选择一种样式。这里，我们选择【投影】样式。

3．在时间轴面板中，根据需要，调整图层样式的各个属性。

图 5.26　应用了【投影】图层样式之后的视频图层

接下来，向文本图层应用动画预设，步骤如下。

1．使用下面方法之一，应用【打字机】动画预设。

- 在时间轴面板中，打开文本图层的【动画】下拉列表框，选择【打字机】预设。

- 在效果和预设面板中，依次展开【动画预设】>【文本】效果组，从中选择一种文本动画预设。这里，我们选择【打字机】预设。

2．编辑图层样式属性和关键帧，得到想要的效果。

3．保存项目。

提示

从效果和预设面板菜单中，选择【浏览预设】命令，可以在 Adobe Bridge 中预览各个动画预设。

5.16　制作 Drive-In 合成

★ ACA 考试目标 3.2

本章最后，我们要为红宝石餐馆制作一个向顾客介绍新业务——"免下车购餐"的视频。

这个视频的制作过程中，我们会用到多种蒙版、效果以创建出吸引人的动画效果。

首先，新建合成（图 5.27）步骤如下。

1. 基于 blend-road.mp4 素材新建合成，将【持续时间】设置为 4 秒。

2. 把 blend-cars.jpg 拖入 blend-road 合成中，并使其位于最底层。

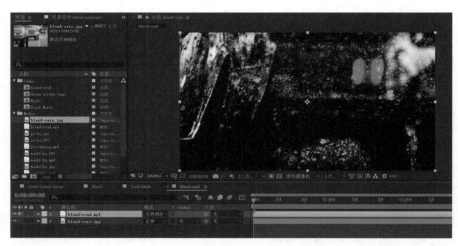

图 5.27　新创建的 blend-road 合成

3. 使用下面方法之一，把【blend-road.mp4】图层的混合模式修改为【经典颜色加深】。

- 选中【blend-road.mp4】图层，从菜单栏中依次选择【图层 > 混合模式 > 经典颜色加深】命令。

- 使用鼠标右键（Windows），或者按住 Control 键（macOS），单击【blend-road.mp4】图层。然后，从菜单栏中依次选择【图层】>【混合模式】>【经典颜色加深】命令。

- 在时间轴面板中，从【模式】下拉列表框中选择【经典颜色加深】模式。若你未看见【模式】下拉列表框，请先单击面板底部的【切换开关 / 模式】按钮，把【模式】下拉列表框显示出来。

至此，合成就准备好了，接下来添加蒙版。

5.17 使用蒙版分几部分显示视频

本合成中，我们需要把视频分成几个部分来显示。为此，我们可以向同一个图层添加多个蒙版，然后为各个蒙版的不透明度属性制作动画，让各个蒙版在不同的时刻起作用。

★ ACA 考试目标 4.6

在这个例子中，我们将学习如何仅使用两个蒙版和一些想象来创建酷炫的动态效果。

为合成绘制蒙版（图 5.28）的步骤如下。

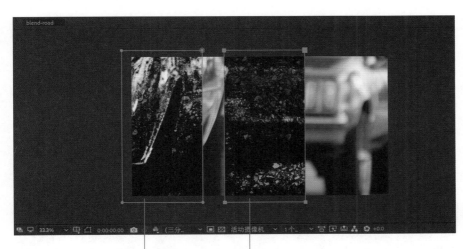

图 5.28　向同一个图层添加两个蒙版

第一个矩形蒙版　　第二个矩形蒙版

1. 选中【blend-road.mp4】图层。

2. 从工具面板中，选择【矩形工具】。

3. 从合成画面的左上方开始向右下方拖动，创建一个蒙版，使其覆盖差不多三分之一的画面。此时，在【blend-road.mp4】图层下，你会看到一个名为【蒙版 1】的新蒙版。

4. 选中【蒙版 1】图层，按快捷键 Ctrl+D（Windows）或 Command+D（macOS）（该快捷键对应【编辑】>【重复】命令），复制出新蒙版。

执行该操作之后，表面上看合成中还是只有一个蒙版，但其实已经复制出了一个新蒙版【蒙版 2】，只不过它与【蒙版 1】重叠在一起。

5. 选择【选取工具】，把鼠标指针放到【蒙版 2】的右边缘之上，然后向右拖动，直至【蒙版 2】位于合成的中间，同时让【蒙版 2】与【蒙版 1】之间保持一定的间隔。

5.17.1　增强蒙版的识别性

图层中添加的蒙版越多，越不容易区分，可能会导致我们很难分清合成面板中的哪个蒙版和时间轴面板中的哪个蒙版对应。为此，我们可以通过为蒙版设置不同的颜色和名称来增强蒙版的可识别性。

更改蒙版颜色的步骤如下。

1．在时间轴面板中的蒙版组下找到目标蒙版，单击蒙版名称左侧的颜色标签，打开【蒙版颜色】对话框。

2．在【蒙版颜色】对话框中选择一种颜色，单击【确定】按钮。

此时，有两个地方的颜色发生了变化，一是蒙版名称左侧的颜色标签，二是蒙版路径的颜色，该颜色不会影响到最终视频效果。

3．以第二个蒙版为基础，复制出第三个蒙版，将其放到画面的右三分之一处，并修改颜色（图 5.29）。

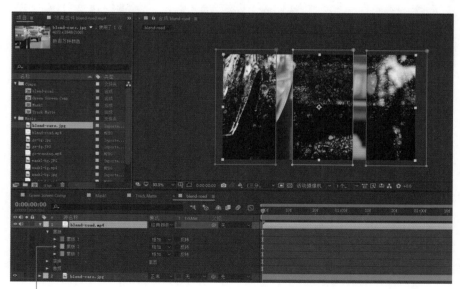

图 5.29　3 个带有不同颜色的蒙版

时间轴面板中的蒙版颜色标签

与图层类似，你可以对蒙版进行重命名操作，方法如下：在时间轴面板中，选中蒙版，按 Enter（Windows）或 Return（macOS）键，输入新名称，然后再按 Enter（Windows）或 Return（macOS）键，使修改生效。

5.17.2　为【蒙版不透明度】属性制作动画

下面我们为各个蒙版的【蒙版不透明度】属性制作动画，控制各个蒙版发挥作用的时间点。

前面我们已经制作过很多关键帧动画了，相信下面这些操作对你来说并不难。为蒙版制作动画的步骤如下（图 5.30）。

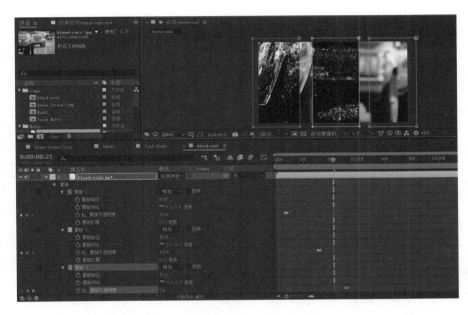

图 5.30　带有不同颜色的 3 个蒙版依次起作用

1．展开蒙版属性，找到【蒙版不透明度】属性。

2．分别添加两个关键帧，让【蒙版不透明度】从 0% 变化到 100%。这里，我们把第一个蒙版关键帧设置在 0:04 处。

3．复制粘贴关键帧至其他蒙版，让各个蒙版间隔一定的时间后依次发挥作用。这里，我们让第二个蒙版从 0:15 开始起作用，让第三个蒙版从 0:25 开始起作用，当然你可以根据自己的需要灵活调整时间。在粘贴关键帧之前，请记得更改当前时间，并选择下一个蒙版。

5.18　向文本应用渐变叠加

★ ACA 考试目标 4.7

下面我们把餐馆名称添加到合成中，并向其应用【渐变叠加】效果。

与轨道遮罩合成一样，这里我们也向合成中添加一个文本图层，文本内容为"Ruby's Drive-In"，把文本放大，使其占据画面中心的大部分区域。

在第 1 章"向形状应用渐变"部分，我们使用过渐变，那里使用的渐变选项是工具面板中【填充】属性的一部分。但是，文本图层的工具面板中没有类似选项，因此，我们需要使用另外一种方式向文本应用渐变效果，这就是【渐变叠加】图层样式。【渐变叠加】与渐变效果选项类似，都有渐变编辑器，但又不完全一样。

向文本图层添加渐变叠加（图 5.31）的步骤如下。

图 5.31　编辑【渐变叠加】图层样式

提示

应用图层样式更快捷的一种方法是：使用鼠标右键（Windows），或 按 住 Control 键（macOS），单击图层，从弹出菜单的【图层样式】子菜单中选择一种图层样式。

1．选中文本图层。请不必在意文本颜色，在向文本应用了【渐变叠加】效果后，文本颜色就会被替换掉。

2．从菜单栏中依次选择【图层】>【图层样式】>【渐变叠加】命令。

3．在时间轴面板中，依次展开文本图层下的【图层样式】>【渐变叠加】属性，单击【颜色】属性右侧的【编辑渐变】文字，然后在【渐变编辑器】中调整渐变滑块，最后单击【确定】按钮。

5.19 向文本图层复制粘贴蒙版

下面我们复制应用到视频上的动态蒙版，然后将其应用到文本图层上。 ★ ACA 考试目标 3.2

即使你以前没有用过蒙版，你也可以通过复制粘贴方式轻松地应用蒙版。

把视频蒙版复制到文本图层的步骤如下。

1．选中想复制的所有蒙版，本示例中指的是【blend-road.mp4】图层的蒙版组下的所有蒙版。复制时，只要按住 Shift 键，单击蒙版组下的第一个蒙版和最后一个蒙版，即可把所有蒙版选中。

2．按快捷键 Ctrl+C（Windows）或 Command+C（macOS）（该快捷键对应【编辑】>【复制】命令），把选中的蒙版复制到剪贴板。

3．在时间轴面板中，选中文本图层。

4．按快捷键 Ctrl+V（Windows）或 Command+V（macOS）（该快捷键对应【编辑】>【粘贴】命令），把复制的蒙版粘贴到选中的图层上（图 5.32）。

选中要复制的蒙版　　把蒙版粘贴到文本图层

图 5.32 把 3 个蒙版粘贴到文本图层，有部分文本被遮挡

提示

在编辑一个图层的蒙版属性之前，请先按 M 键，把所选图层的蒙版属性显示出来。

5．根据你的需要，为文本图层的蒙版修改时间、位置、形状等。

调整蒙版形状

在把蒙版粘贴到文本图层之后，你可能还想调整这些蒙版的形状。在 After Effecs 中，不论是使用【形状工具】还是【钢笔工具】创建的蒙版，你都可以轻松地调整蒙版形状，只要使用【选取工具】拖动蒙版的控制点更改控制点的位置即可。

我们可以同时调整多个控制点，但在调整之前，我们需要先使用【选取工具】选中那些想移动的控制点。

要选中多个控制点，方法如下。

- 按住 Shift 键，逐个单击你想调整的控制点。
- 使用【选取工具】拖选多个控制点。使用这个方法之前，请确保在开始拖动鼠标指针时没有其他图层处于选中状态。

选中你想调整的控制点之后，你可以拖动任意一个选中的控制点，或者同时移动所有选中的控制点（图 5.33）。拖动时，同时按住 Shift 键，可以让控制点沿着 45°角的方向移动。

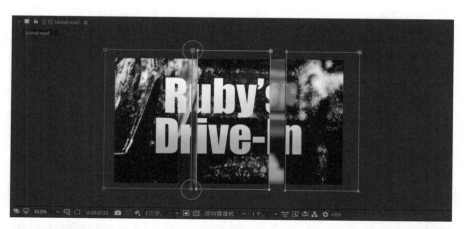

图 5.33 选中两个蒙版路径控制点并向右拖动

选中了哪些控制点？

路径和控制点有不同的外观特征，通过这些特征，你可以知道选中了什么。选择有很多个层级，你可以选中一个图层、图层上的一条路径、路径上的一个点。为了避免混淆，要弄清合成面板中有哪些层级处于选中状态。

- 蒙版路径上显示有控制点表示该形状或蒙版图层处于选中状态。
- 小实心点代表未选路径上的未选控制点。
- 大实心点表示所选路径上的已选控制点，例如，当你在时间轴面板中选中路径时就会出现大实心点。默认情况下，选中一条路径时，其上的所有控制点都会被选中。这与选中图层的区别是，如果图层中有多个形状或蒙版路径，大实心点表示选中了哪条路径。
- 大空心点表示所选路径上未被选中的控制点。
- 两个或多个相邻的大实心点表示这些区段被选中了，此时，除了拖动其中任意一个控制点进行移动之外，你还可以拖动任意两个选中的控制点之间的区段（图 5.34）。

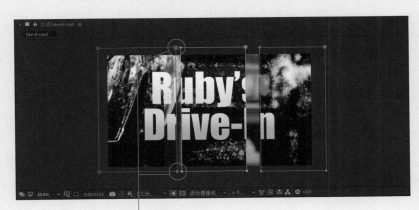

路径上两个选中的控制点

图 5.34 所选图层上的 3 条路径

5.20 使用调整图层与拆分图层

在这个合成中，我们想应用一个着色效果，让合成中的非文本图层随着时间循环变化。但这里有一个问题，那就是合成中包含很多图层，

★ ACA 考试目标 4.3

★ ACA 考试目标 4.6

把同一个效果逐个应用到各个图层上效率会非常低。如果合成中包含大量图层，这种做法实在不可取。

对于这个问题，你可能会想到一个解决办法，那就是先把非文本图层预合成，然后把效果应用到预合成上。当然，这个方法是可行的，但是当图层太多时，这样做也不怎么好。

为了解决这个问题，After Effects 提供了一种更好的解决方案，那就是使用"调整图层"。调整图层本身不包含任何可见内容，但你可以向它应用各种效果。

5.20.1 应用调整图层

调整图层有如下两大优点。

- 只需一个调整图层，你就可以把多个效果同时应用到多个图层上，调整图层会影响其下的所有图层（在时间轴面板中，调整图层下方的所有图层）。

- 使用调整图层，你可以跨时间把多种效果应用到多个图层上，因为你可以把一个调整图层的持续时间延伸到整个合成。例如，一个合成中包含 10 个图层，并且这些图层是依次播放的，此时，你可以把调整图层的持续时间设置成总时长，这样你就可以把同样的效果设置应用到所有图层。

这些优点使调整图层成为提高工作效率的得力工具。如果你用过 Photoshop 中的调整图层，那 After Effects 中的调整图层你一定也会用，它们的工作原理是一样的。

向合成应用调整图层的步骤如下。

<table>
<tr><td>

提示

【新建蒙版】命令的
快捷键是 Ctrl+Shift+N
（Windows）或Command+
Shift+N（macOS）。

</td></tr>
</table>

1. 在合成面板或时间轴面板处于活动的状态下，从菜单栏中依次选择【图层】>【新建】>【调整图层】命令。

2. 从效果和预设面板中选择一种效果，应用到调整图层上。这里我们应用的是【色相 / 饱和度】效果（图 5.35）。

3. 如果最终结果不是你想要的，除了检查效果的各个设置是否正确之外，还要检查调整图层在时间轴面板中的图层顺序是否正确。请注意，调整图层会影响其下的所有图层。如果有些图层你不想让调整图层影响，那你必须把这些图层移动到调整图层之上。这里，我们不希望调整影响到文本图层，所以我们要把调整图层移动到文本图层之下。

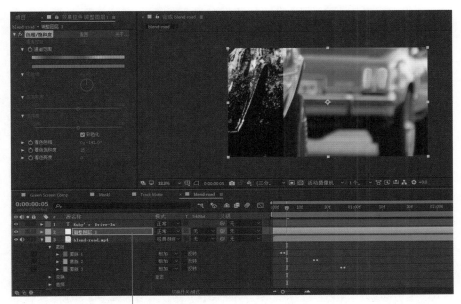

时间轴面板中的调整图层

　　由于调整图层只承载效果而不包含任何内容，所以你可以在时间轴面板中看到它，但在合成面板中是看不到的。在项目面板中，你可以在一个名为【纯色】的文件夹中找到创建的调整图层，并且你可以在任意一个合成中使用它们。

5.20.2　拆分图层

　　在 After Effects 中，你可以在一个特定的时间点上拆分图层。当你想让一个图层在拆分前后变得不同，并且独立使用两个结果图层时，你就可以对图层进行拆分。

　　下面我们将把一个图层拆分成 3 个独立的图层，这样我们就不用再去设置关键帧了。每个结果图层覆盖着素材的不同部分，并且各个【色相／饱和度】效果下【着色色相】属性的值不同，除此之外，其他完全相同。

拆分图层的步骤如下。

1．选中图层。

2．把当前时间指示器移动到要拆分图层的那一帧。这里，拆分图层的地方也是蒙版动画开始的地方。

3．从菜单栏中依次选择【编辑】>【拆分图层】命令。此时，调整图层会变成两个图层（图 5.36），原始图层的持续时间到拆分时刻终止，新图层的持续时间从拆分时刻开始。你可以根据自身需要编辑它们的入点、出点和持续时间。

图 5.36　在当前时间指示器所在位置把一个图层拆分成两个

提示
【拆分图层】的快捷键是 Ctrl+Shift+D（Windows）或 Command+Shift+D（macOS）。

4．在时间轴面板中，你可以为每个结果图层重新命名，使它们更容易识别。

本例中，使用"拆分图层"这个方法是合适的，因为颜色变化是即时且完整的。如果颜色之间需要有过渡，那最好还是通过向原图层添加关键帧来实现。

5.21　通过 Dynamic Link 连接 Premiere Pro 和 After Effects

★ ACA 考试目标 5.2

After Effects 经常用来制作视频效果，这些视频效果会被添加到 Premiere Pro 序列中使用。在传统的视频制作流程中，我们会先把 After Effects 合成渲染成标准格式的视频文件，然后再把视频文件导入 Premiere Pro 中使用。当然，有时是反过来的，我们也可能会把经过 Premiere Pro 处理过的剪辑当作素材用在 After Effects 项目之中。

不断把合成和序列导出到文件夹，然后再把它们导入另外一个程序中，这做起来会非常麻烦。另外，把合成和序列导出成标准格式的视频文件之后，其中包含的图层和设置都会被删除。为了节省时间，免除不必要的麻烦，Adobe 提出了 Dynamic Link 工作流，在这个工作流中，Premiere Pro 和 After Effects 可以直接导入彼此的文件，而无须浪费额外时间和空间去渲染导出文件。

只要你的计算机中事先安装好了 Premiere Pro，你就可以正常使用 Dynamic Link 工作流（图 5.37）。

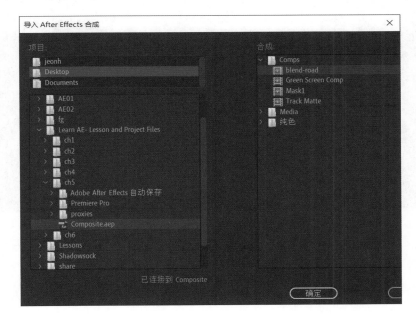

图 5.37　选择 After Effects 合成并使用 Dynamic Link 导入 Premiere Pro 中

使用 Dynamic Link 工作流的步骤如下。

1．在【ch5】文件夹中，新建一个名为【Premiere Pro】的文件夹。

2．启动 Premiere Pro，单击【新建项目】按钮（或者从菜单栏中依次选择【文件】>【新建】>【项目】命令）。然后把新建好的项目保存到【Premiere Pro】文件夹中，项目名随意设置。

3．从菜单栏中依次选择【文件】>【Adobe Dynamic Link】>【导入 After Effects 合成图像】命令。

4. 在【导入 After Effects 合成】对话框中，转到【ch5】文件夹下，选择 Composite.aep 文件。该文件是我们本章一直在制作的合成文件。

选中 Composite.aep 文件之后，在合成面板中会显示这个项目中的内容和包含的文件夹。

5. 选择一个合成，单击【确定】按钮。所选合成会显示在 Premiere Pro 的项目面板中。

6. 在 Premiere Pro 中，把导入的合成从项目面板拖入时间轴面板中。这个合成会变成一个 Premiere Pro 序列，Premiere Pro 中的序列就相当于 After Effects 中的合成（图 5.38）。

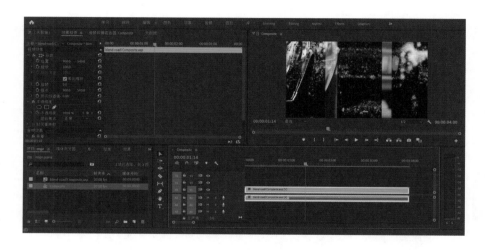

图 5.38 导入结果

7. 返回 After Effects 中，编辑刚刚导入 Premiere Pro 中的那个合成，例如向合成添加一个效果。

8. 切换回 Premiere Pro，你会发现，你在 After Effects 中对合成所做的修改会自动同步过来。

在传统的工作流程中，你在 After Effects 中对合成的更改不会自动同步到 Premiere Pro 中，更改之后，你只能把更改后的合成再次导出为一个视频文件，然后再把视频文件导入 Premiere Pro 中使用。而在这里，更新是同步发生的，因为我们使用 Dynamic Link 把 After Effects 和 Premiere Pro 两个程序连接起来了。

你可以把多个 After Effects 合成导入你的 Premiere Pro 项目中，并把它们全部放入一个序列中。当然，你也可以先在 After Effects 的时间轴中把多个合成组织在一起。制作中更常见的方法是使用 Premiere Pro 编辑长视频，例如实摄的时长为 1 小时的电视节目，你可以在编辑期间通过 Dynamic Link 工作流把制作好的短视频效果从 After Effects 添加进来使用。

5.22　课后题

本章我们学习了几种新的合成技术，请你自己动手练习一下这些技术。你可以自己录制一些视频，让主体人物站在一个背景（不必是绿幕，只要是纯色背景即可）前面，再拍摄或找一些背景素材（包含视频和图片），然后把它们放入一个合成中，把人物从背景中抠出来，自己绘制蒙版、添加文本等。

提示

如果你不确定导入 Premiere Pro 中的那个合成对应于 After Effects 中的哪个合成，没关系，Premiere Pro 专门为我们提供了一个命令，用来快速找到所对应的 After Effects 原始合成。具体做法如下：在 Premiere Pro 中选中合成，从菜单栏中依次选择【编辑】>【编辑原始】命令，此时 Dynamic Link 会切换到 After Effects，并且自动打开包含所选合成的那个项目。

注意

如果你的项目或序列中用到了大量素材，编辑它们时会占用大量算力。为了实现平滑编辑，减少计算机的压力，请不要滥用 Dynamic Link 工作流，最好只挑选几个最有用的场景来使用它。

本章目标

学习目标

- 使用【操控点工具】制作动画
- 使用 3D 图层
- 在 3D 空间中制作图层动画
- 使用视图与制作摄像机动画
- 为路径文本制作动画

ACA 考试目标

- 考试范围 2.0

项目创建与用户界面

2.1，2.2

- 考试范围 4.0

创建和调整视觉元素

4.1，4.2，4.5，4.6，4.7

第 6 章

制作 3D 动画

前面我们使用 After Effects 处理的图层都是二维的，如同在照片和纸张上做处理一样。其实，After Effects 还支持在 3D 空间中处理图层，你可以把图层放到远近不同的地方，还可以把图层像陀螺一样旋转。这些内容本章都会讲到（图 6.1）。

图 6.1　本章中我们要制作的视频

在 After Effects 中，默认情况下，3D 功能处于关闭状态。当你需要使用它们时，只要把它们打开就行了。

6.1　创建广告项目

本章我们将综合运用一条 Illustrator 路径、3D 功能和一些片头动画为 Hot Digity Dog 狗粮制作一则广告。

制作广告动画所需要的所有素材你都可以在【ch6】文件夹中找到，其中包含视频和图片文件。

新建项目的步骤如下。

★ ACA 考试目标 2.1

★ ACA 考试目标 4.6

1．新建一个项目，命名为【Treats】，并将其保存到【ch6】文件夹中。

2．在【ch6】文件夹中，选中除 Treats.aep 之外的所有文件。

3．把所选文件全部导入 After Effects 的项目面板中。

创建项目时，注意要把文件组织得有条理一些。如果导入的文件中包含多个视频文件，你可以在项目面板中把它们放入名为【Media】的文件夹中。另外，你还要在项目面板中创建一个名为【Comps】的文件夹，用来存放合成。

提示

启动 After Effects，关闭【开始】界面后，你就会得到一个空项目，你只要把它保存到目标文件夹中即可。

6.1.1　创建合成

项目创建好之后，接下来，我们还要创建一个合成，以便继续往下制作广告动画。

新建合成步骤如下。

1．在项目面板中，选中【Comps】文件夹，新合成会被放入这个文件夹中。

2．按快捷键 Ctrl+N（Windows）或 Command+N（macOS）（该快捷键对应【合成】>【新建合成】命令），打开【合成设置】对话框，进行如下设置。

- 把新合成命名为【Treats Comp】。
- 从【预设】下拉列表框中，选择【HDTV 1080 29.97】预设。
- 把【持续时间】设置为 5 秒。

3．单击【确定】按钮。

6.1.2　创建墙面

下面我们在合成中新建纯色图层，用来充当墙面，并对墙面应用渐变效果。

新建纯色图层的步骤如下。

1. 按快捷键 Ctrl+Y（Windows）或 Command+Y（macOS）（该快捷键对应【图层】>【新建】>【纯色】命令），打开【纯色设置】对话框，并进行如下设置。

- 设置【名称】为 Wall。
- 把【宽度】与【高度】分别设置为 1920 像素与 700 像素。纯色图层高度（700 像素）要比合成高度（1080 像素）低，因为它不需要覆盖整个合成。
- 在【颜色】中，选择一种与合成背景颜色不同的颜色。具体选择什么颜色并不重要，因为它很快就会被应用的效果代替。

2. 单击【确定】按钮。

3. 在合成面板中，把纯色图层向上移动，使其顶部与合成的顶部对齐。你可以使用下面任意一种方法达到此目的。

- 使用向上箭头键移动（如果同时按住 Shift 键，每按一次向上箭头键，就移动 10 个像素）。
- 设置纯色图层的【位置】属性。
- 使用对齐面板中的【顶对齐】命令，把纯色图层顶部与合成顶部对齐。

接着，向纯色图层应用【梯度渐变】效果，为墙面设置外观（图 6.2），步骤如下。

图 6.2　应用了【梯度渐变】效果的墙面

1. 在效果和预设面板中，找到【梯度渐变】效果，双击将其应用到纯色图层。

2. 在效果控件面板中，修改【梯度渐变】的【起始颜色】与【结束颜色】属性。

- 设置【起始颜色】为红色（#D80000）。
- 设置【结束颜色】为黑色（#000000）。

6.1.3　创建地面

整个合成高度为 1080 像素，但墙面高度只有 700 像素（占据画面上部），剩下的部分用来创建地面（占据画面底部）。

为了创建地面，向合成中添加 floor.jpg 图片，并调整图片的尺寸和位置，注意以下几点。

- 图片宽度与合成宽度一样。
- 图片顶边靠着【Wall】图层的底边。
- 单击【切换透明网格】图标▨，协助观察墙面与地面之间是否有间隙。

提示

让图层宽度与合成宽度保持一致的方法是：从菜单栏中依次选择【图层】>【变换】>【适合复合宽度】命令。

接下来，我们要让地面与墙面的光线更一致一些。具体做法是在【Wall】图层之上添加另外一个具有类似渐变效果的纯色图层，产生相同的阴影效果（图 6.3），步骤如下。

1. 从项目面板的【纯色】文件夹中，把【Wall】纯色图层拖入合成中，创建另外一个实例。

2. 调整纯色图层的位置，使其顶边与【floor.jpg】图层的顶边对齐。此时，【floor.jpg】图层会被遮挡起来，但这是暂时的。

3. 把图层重命名为【Floor Shadow】。

4. 向 Floor Shadow 图层应用【梯度渐变】效果，分别把【起始颜色】与【结束颜色】设置为黑色和白色。

5. 在时间轴面板中，从【Floor Shadow】图层的【模式】下拉列表框中，选择【相乘】选项。

提示

如果时间轴面板中未显示出【模式】下拉列表框，请单击时间轴面板底部的【切换开关/模式】按钮。

如果效果太强了，我们可以通过降低图层的【不透明度】的值来减弱效果的强度。

6. 把【Floor Shadow】图层的【不透明度】的值修改为 70%。

图 6.3　背景制作完成

6.1.4　预合成背景

在继续添加其他元素之前，让我们先把截至目前创建好的图层预合成一下，把它们统一放入一个合成之中。

预合成图层的步骤如下。

1．全选到目前为止创建好的所有图层。

2．从菜单栏中依次选择【图层】>【预合成】命令。

3．在【预合成】对话框中，为新合成输入名称【Background】，然后单击【确定】按钮。

> **提示**
> 【全选】命令的快捷键为 Ctrl+A（Windows）或 Command+A（macOS）。

6.2　添加广告元素

★ **ACA 考试目标 4.1**

最终广告动画中包含一张小狗图片和产品名称。下面我们向合成中添加这两个元素。

首先，向合成中添加小狗图片，步骤如下。

1．把 Puppy-puppet.png 添加到合成中。

或许你已经注意到了，我们使用的小狗图片是一张 PNG 图片，这是一种"便携式网络图形"文件。同样一张图片，以 PNG 格式保存时的文件大小要比使用 JPEG 格式保存时大一些，但是与 JPEG 格式不同的是，PNG 格式的图像可以保留透明度信息。当把 PNG 格式的图片用在合成中时，你可以看到 PNG 图片的透明区域，其中显示的是合成的内容，而不是图像的背景。

2．调整小狗的位置和大小，使其位于合成画面的右半部分，把画面的左上部分留出来。

接下来添加文本（图 6.4），步骤如下。

1．选择【横排文字工具】，单击合成画面，新建一个文本图层，输入文本"Hot Digity Dog Treats"。

2．根据你的喜好，使用字符面板对输入的文本进行设置。这里我们选择的字体样式、字号和放置位置仅供你参考。设置完成后格式化文本图层。

3．把文本图层旋转 -17°（旋转时，你可以使用【旋转工具】，也可以直接修改文本图层的【旋转】属性）。

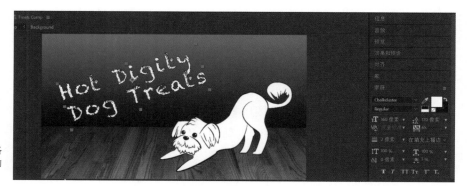

图 6.4 对文本进行格式化并放置在合适的位置上

6.3　使用【操控点工具】制作动画

★ ACA 考试目标 4.5

这则小狗美食广告动画的一大亮点是会动的小狗。小狗我们已经添加到合成中了，接下来，我们该为小狗制作动画了。

在小狗动画的概念设计中，小狗会摇尾巴，会前腿屈膝。要实现这个动画，需要为小狗的多个部位分别制作动画。但是，前面我们学过的关键帧动画针对的是整个图层，用来制作小狗动画显然是不行的。前面我们还学过可以分别对各个点添加关键帧，以此为形状或蒙版路径的各个部分制作动画。但是，小狗图片是基于像素而非矢量路径的，因此这种方法也行不通。因此，我们需要使用一些新的工具和技术分别为小狗的尾巴与前腿制作动画。

6.3.1 添加操控点动画的控制点

下面我们将使用【操控点工具】为小狗制作动画。在操控点动画中，我们需要添加控制点明确指出想要控制的点。【操控点工具】非常适合用来为人物或动物制作动画，例如在为胳膊制作动画时，你可以把一个控制点设置在肘部，另一个设置在手部，拖动手部的控制点将会使前臂绕着肘部摆动。请务必把控制点设置到关节与其他运动的部位，这样可以让制作出的动画更加逼真、自然。

设置操控点动画控制点（图 6.5）的步骤如下。

选择【操控点工具】

图 6.5 添加到小狗身上的各个控制点

1. 在工具面板中，选择【操控点工具】。

【操控点工具】和其他操控工具在同一个组中，如果你在工具面板中看不到【操控点工具】，请把鼠标指针放到任意一个操控工具上，然后按住鼠标左键，打开工具组菜单。

2．选中小狗图层，在小狗身上单击，在你想控制的地方添加控制点。控制点以黄色显示。

3．在工具面板中勾选【显示】复选框，把扭曲网格显示出来。请注意，扭曲网格是基于控制点位置和检测到的图形边缘构建的。

6.3.2 理解操控点动画

操控点动画有两个基础：一个是你设置的控制点，另一个是 After Effects 根据控制点的位置自动创建的扭曲网格。继续往下制作之前，还是让我们先了解一下控制点和网格的工作原理。

使用【操控点工具】为小狗制作动画时，首先拖动小狗前爪上的控制点，小狗的"胳膊"会绕着肩部的控制点旋转。你还可以拖动尾部的控制点，看看各个部分是如何运动的。当前我们还没创建任何动画，但拖动控制点的确可以改变动画的当前状态。

使用【操控点工具】时，工具面板中提供了两个属性（在【网格】选项组下）用来控制生成的网格（图 6.6）。

- 扩展：当当前网格未能覆盖图形的某些部分（如从主形状上伸出的部分）时，你可以增加【扩展】属性值；而当网格太大以至于无法区分各个凸出的元素时，请把【扩展】属性值减少一些。

- 密度：提高密度属性值会增加网格的复杂度，网格中用到的三角形也会更多。这样可以提高动画的精度，但是渲染时会耗费计算机更多计算能力和时间。在这种情况下，你需要找到一个合适的密度属性值，既能保证动画的精度，又能兼顾渲染速度。

图 6.6 【操控点工具】
下的网格控制选项

操控点工具　　　显示网格　　　网格密度

网格扩展　　　记录选项（控制动画录制）

6.3.3 其他操控点动画工具

除了【操控点工具】之外，【操控点工具组】中还包含了以下的其他几个工具。

- 操控扑粉工具：在网格中使用【操控扑粉工具】单击，可以把控制点固化下来，使其不能制作动画。固化控制点呈现为红色，它会把某个区域"冻结"起来。

- 操控叠加工具：当把网格的一部分移动到另一部分上面时，你可能希望有特定的重叠顺序。例如，当你拖动手部控制点把手部移动到面部之上时，我们总是希望手部位于面部上方。若手部出现在了面部后方，你可以使用【操控叠加工具】单击手部控制点，然后在工具面板中不断增加【置前】值，直到手部出现在面部上方。

在工具面板中，【范围】属性用来控制控制点对网格的影响范围。只有选择【操控叠加工具】时，【置前】和【范围】属性才会出现。

就【Puppy-puppet.png】图层来说，我们并不需要使用【操控叠加工具】，但是我们可能需要使用【操控扑粉工具】把小狗身体的某些部分"冻结"起来（图 6.7）。

选择【操控扑粉工具】

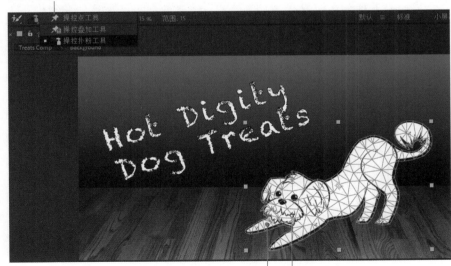

红色的固化控制点

图 6.7 小狗身体上的固化控制点

6.3.4　录制操控点动画

我们可以通过添加关键帧与更改属性值的办法为控制点制作动画，但这么制作动画既麻烦又耗时。好在 After Effects 为我们提供了一种更简单、更快捷的动画录制方法，这就是 Ctrl（Windows）或 Command（macOS）键。

按住 Ctrl（Windows）或 Command（macOS）键，当你拖动控制点时，After Effects 就会把控制点的运动实时记录下来。

录制操控点动画的步骤如下。

1.　选中你想制作动画的图层，并添加好制作动画所需的控制点。

2.　把当前时间指示器移动到动画的第一帧。这里是 00:10 处。

3.　按住 Ctrl（Windows）或 Command（macOS）键，拖动黄色控制点。

4.　拖动完毕后，释放 Ctrl（Windows）或 Command（macOS）键。此时，时间轴面板中就会显示许多关键帧（图 6.8）。

【合成】面板中的运动路径关键帧

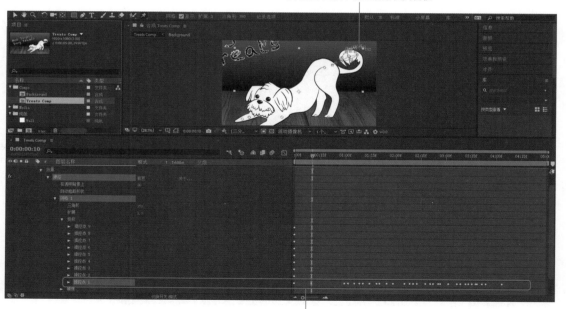

时间轴面板中【操控点 1】上的关键帧

图 6.8　录制动画后 After Effects 自动生成的关键帧

录制操控点动画时，请牢记如下几点。

- 只要按住 Ctrl（Windows）或 Command（macOS）键，After Effects 就开始记录控制点的运动。当释放 Ctrl（Windows）或 Command（macOS）键，或者到达合成的末尾，录制就会停止。
- 如果你想在同一个时间段为多个控制点制作动画，你可以进行多次录制。每个控制点都各有一套关键帧，当你记录第二个控制点的动画时，它的关键帧就会出现在网格的操控点属性上。
- 在时间轴面板中，你可以为任意一个控制点命名，用来明确指出它控制着图片的哪一部分。控制点、图层、蒙版的命名方法都一样，就是按 Enter（Windows）或 Return（macOS）键，然后输入新名称。
- 选择【操控点工具】之后，在工具面板中单击【记录选项】按钮，在打开的【操控录制选项】对话框中，你可以自定义操控点动画的录制方式。

当然，你也可以自由地编辑任意一个关键帧的值。

6.4　创建自定义形状

★ ACA 考试目标 4.5

下面我们将创建一个带颜色的形状作为【Hot Digity Dog Treats】文本图层的背景使用。我们会使用【钢笔工具】绘制这个形状。前面我们曾经使用【钢笔工具】绘制过路径和蒙版，这里我们将使用【钢笔工具】绘制一个可见的形状，而且主要绘制曲线而非直线。

我们使用【钢笔工具】绘制一个类似于椭圆的闭合形状，其带有绿色填充和白色描边。

绘制形状步骤如下。

1．在工具面板中，选择【钢笔工具】。

2．在工具面板中，设置填充颜色与描边颜色（图6.9）。

把填充颜色设置为绿色，当然你也可以设置为其他喜欢的颜色。

把填充的【不透明度】设置为50%，这样，你可以透过形状看到文本，方便绘制形状。若

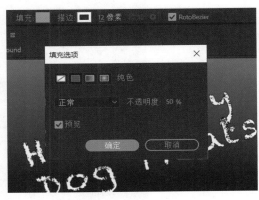

图6.9　设置填充颜色与描边颜色

想修改填充或描边的【不透明度】属性，请单击工具面板中的【填充】或【描边】文字，而非颜色框。

使用【钢笔工具】绘制路径时，要不断地创建锚点。使用【钢笔工具】单击创建的是尖角锚点，而这里我们要绘制的形状是圆角的，所以我们不能直接用【钢笔工具】单击，而要按住鼠标左键拖动，这样创建出的锚点就是圆角锚点。

3. 确保无任何图层处于选中状态，这样使用【钢笔工具】创建出的就是形状图层，而非图层蒙版。

4. 把【钢笔工具】放到文本第一个字母（H）的左上角，然后向右上方拖动一小段距离。你会看到有控制手柄从锚点中伸出，这表示你绘制的是曲线。

5. 把【钢笔工具】放到文本第一行最后一个字母（y）的右上方，然后向右下方拖动一小段距离，在释放鼠标之前，拖动控制手柄，调整曲线形状。

6. 继续围绕着文本，放置锚点并拖动，绘制曲线形状。如果你想要某个锚点变为尖角锚点，只要使用【钢笔工具】在相应位置单击就好，注意此时不要拖动。

7. 绘制完成后，把【钢笔工具】放到第一个锚点上。此时，在【钢笔工具】的右下角，你会看到一个圆圈，单击即可闭合路径（图 6.10）。

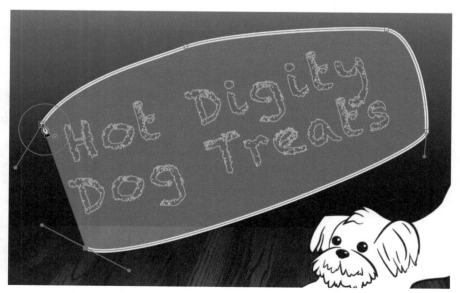

图 6.10　当【钢笔工具】右下出现小圆圈时，单击即可闭合路径

8．如果你想调整锚点，可以使用【选取工具】或任意一个【钢笔工具】轻松办到。这里我们绘制的是形状路径，不是蒙版路径，但形状路径和蒙版路径都是路径，它们的编辑方式都一样。

9．把形状填充的【不透明度】重新改为100%。

10．在时间轴面板中，把【形状图层1】图层拖动到文本图层之下，并重命名为【Green bg】。

6.5　在3D空间中旋转图层

下面我们将在3D空间中处理文本与形状图层，探索动画制作的一片新天地。

★ ACA 考试目标 4.6

在After Effects中，默认图层用的都是2D空间。但是，其实你可以把任意一个图层转换成3D图层，进而使用3D空间。把一个图层从2D图层转换成3D图层会影响到图层上与空间有关的属性。例如，2D图层的【位置】属性有X、Y两个值，而3D图层的【位置】属性则有X、Y、Z 3个值，其中Z代表的是深度。

接下来，我们将对图层做3D旋转，这个操作在2D图层中是无法做到的。

在3D空间中旋转图层的步骤如下。

1．在时间轴面板中，单击各个图层的3D开关，为这些图层打开3D空间（图6.11）。

图6.11　时间轴面板中的3D开关

展开3D图层的属性，你会看到出现了许多与3D空间相关的属性。

2．同时选中文本与【Green bg】两个图层，从菜单栏中依次选择【图

提示

请注意，在一个 3D 项目（包含了 3D 元素的项目）中，你仍然可以让某些图层保留在 2D 空间中。

提示

若在时间轴面板中看不到 3D 开关，请单击面板底部的【切换开关/模式】按钮。

注意

对于多个图层的旋转，若这些图层的锚点位置不同，即使有一样的关键帧，旋转时它们也无法保持一致。你可以使用【向后平移（锚点）工具】把锚点精确对齐。

层】>【变换】>【在图层内容中居中放置锚点】命令。

这两个图层会一起旋转，让它们的锚点保持一致可以确保它们同步旋转。

3．在时间轴面板中，展开【Green bg】图层的【变换】属性。

4．把当前时间指示器移动到 00:05 处（即第 5 帧处）。

5．单击【Y 轴旋转】左侧的秒表图标，开启关键帧动画。

6．把当前时间指示器移动到 01:00 处（即 1 秒处）。

7．把【Y 轴旋转】的值修改为 1x+0.0°（图 6.12）。

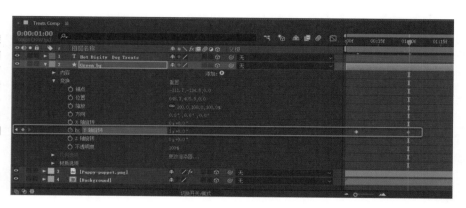

图 6.12　绕 Y 轴做 3D 旋转

8．播放动画，检查是否有问题。

此时，【Green bg】图层会绕着 Y 轴旋转。旋转时，图层的边缘先是靠近你，然后再远离你，由此产生了一种空间感，而这在 2D 空间中是无法办到的。

9．为了让文本图层做同样的旋转，从文本图层的【父级】下拉列表框中选择【Green bg】图层（图 6.13）。

上面是 3D 旋转的一个简单例子。通过调整多个 3D 属性，你可以使用多种方式为 3D 图层创建动画。例如，前面我们已经学会了如何为 2D 图层制作动画，让其在画面中运动，同样，使用类似的方法，我们也可以为 3D 图层制作动画，让其在 3D 空间中靠近你或者远离你。当然，我们还可以为多个 3D 图层制作动画，让它们在画面中同时向着不同的方向运动或者互相追逐。

图 6.13　让文本图层
与【Green bg】图层做
相同的 3D 旋转

6.6　使用 3D 摄像机视图

　　3D 合成不仅关乎图层，还与视角有关。在 3D 合成中，一个最重要 ★ ACA 考试目标 4.6
的 3D 对象是摄像机，它其实也是一种图层，只不过代表的是视角。一
个合成中可以包含多个摄像机，每一个摄像机都代表一个观看 3D 合成
的角度。

　　一个基本的 3D 合成只有一个摄像机。通过调整摄像机的位置，你
可以获得在 3D 空间中观看图层的最佳视角。另外，你还可以为摄像机
的属性（如位置）制作动画，做一些让摄像机在 3D 合成中运动的效果。
如果你的 3D 合成是一座城市，那你完全可以为摄像机制作动画，让其
在高楼大厦间穿行。你还可以为一个 3D 合成创建多个摄像机，模拟观
看 3D 合成的多个视角，并在这些视角之间切换。

6.6.1　控制合成的视图

　　在合成面板底部，你可以看到几个 3D 视图控件。第一个控件提供
了多个 3D 视图，如【顶部】和【左侧】；第二个控件提供了多种视图
布局，如【2 个视图 - 水平】。此外，你还可以控制每个视图中显示的
内容。

　　如果你使用的是普通计算机显示器，它只能显示两个维度，那你可

以选择让这些视图把图层在 3D 空间中的位置、运动显示出来。例如，当在某个视图下看不到某个图层时，你可以通过另外一个同步视图观察一下，确保那个图层真实存在，只是由于受到角度或距离的影响在当前视图中不太容易看到而已。

当从【选择视图布局】下拉列表框中选择【2 个视图 - 水平】选项时，你会在合成窗口中看到两个视图：一个顶视图、一个活动摄像机视图（图 6.14）。当需要观察图层在 Z 轴方向上的位置（深度）时，使用顶视图会非常方便。

第一个视图（顶视图）

第二个视图（活动摄像机视图），蓝色边角表示该视图处于活动状态

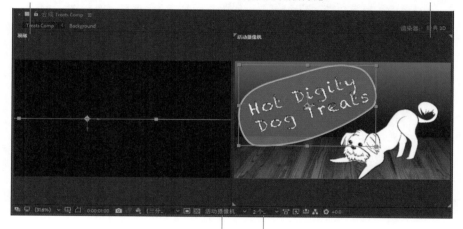

图 6.14 两个视图

3D 视图下拉列表框　　【选择视图布局】下拉列表框

活动视图指带有 4 个蓝色边角的视图，你可以从 3D 视图下拉列表框中选择哪一个视图为活动视图。

6.6.2　添加摄像机

如果你想从多个视角观看某一个合成，那你必须先向这个合成添加一个摄像机。摄像机也是一个图层，拥有多个属性，有些属性我们已经用过，如【位置】属性。

此外，摄像机还有一些特有的属性，如焦距、胶片大小（传感器尺寸）、景深等。换言之，After Effects 中的摄像机模拟的是真实的摄像机。针对同一个 3D 合成，你还可以在同一个位置设置两台摄像机，这两台

摄像机有不同的焦距，可以分别用来模拟广角和长焦镜头。

要用好摄像机的各个属性，你最好熟悉真实摄像机的各种操作和拍摄技术。例如，当你想得到浅景深拍摄效果时，真实摄像机的拍摄经验会告诉你应该把胶片设置得大一些、焦距设置得长一些、光圈开得大一些，并且把摄像机靠近被摄主体，使被摄主体离摄像机较近，而离背景物体较远。通过恰当地设置摄像机和图层的各种属性，我们可以模拟出真实摄像机的拍摄效果。

6.6.3　为 3D 摄像机制作动画

下面我们向合成中添加一个摄像机，并为摄像机制作动画。

首先，添加摄像机，步骤如下。

1. 从菜单栏中依次选择【图层】>【新建】>【摄像机】命令。

2. 在【摄像机设置】对话框（图 6.15）中做如下设置。

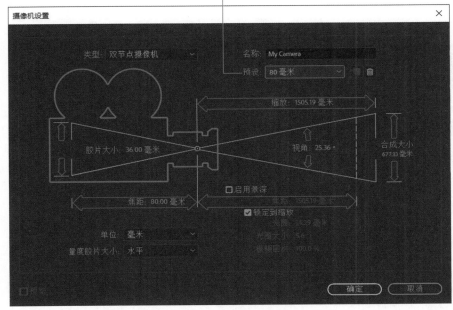

图 6.15　【摄像机设置】对话框

注意
【摄像机设置】对话框中并未包含摄像机的所有可用选项。在时间轴面板中，展开摄像机图层的【摄像机选项】属性，你才能看到摄像机的各种选项，比如光圈大小、光圈形状等。

- 把摄像机名称设置为【My Camera】。

- 从【预设】下拉列表框中选择【80 毫米】选项。

3．单击【确定】按钮。

此时，在时间轴面板中，你会看到一个名为【My Camera】的摄像机图层。

接下来，我们为摄像机制作动画，步骤如下。

1．在时间轴面板中，展开【My Camera】图层的【变换】和【摄像机选项】属性组。

2．把当前时间指示器移动到 3:15 处。

3．在【变换】属性组下，单击【目标点】属性左侧的秒表图标，开启关键帧动画。然后，在【摄像机选项】属性组下，单击【缩放】属性左侧的秒表图标。

4．把当前时间指示器移动到 4:00 处。

5．在合成面板中，使左边那个视图处于活动状态（视图的 4 个边角有蓝色边角），然后从 3D 视图下拉列表框中，选择【正面】选项。此时，右边那个视图应该是【活动摄像机】视图。

6．修改【目标点】属性值，直到【Hot Digity Dog Treats】图层位于右侧视图（【活动摄像机】视图）的中间（图 6.16）。这里，我们把【目标点】的坐标更改为 603、349、0，你修改的值可能和这里略微有点不同。

图 6.16　调整摄像机的【目标点】属性

在为【目标点】属性制作动画时，合成似乎发生了移动，实则不然。发生移动的是摄像机的视角，而非图层。

提示

拖动改变某个属性值时，同时按住 Shift 键，可以调大属性值每次改变的增量。

7. 调整【摄像机选项】属性组下的【缩放】值，直到文本及其背景占满整个【活动摄像机】视图（图 6.17）。

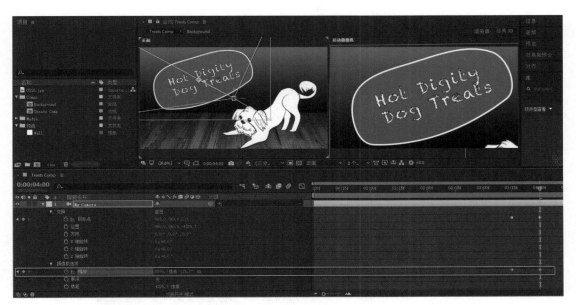

图 6.17 放大文本及其背景

与【目标点】属性类似，更改【缩放】属性的值并不会引起图层本身的变化，它改变的是摄像机的焦距。

8. 播放合成，检查结果是否理想，然后做一些调整，保存项目。

6.6.4 关于灯光和 3D 渲染器

在 After Effects 中，与摄像机类似，灯光也是一个图层，就像电影拍摄片场的一盏灯，你可以随时向场景中添加灯光。从菜单栏中依次选择【图层】>【新建】>【灯光】命令，即可创建一个灯光。灯光图层有很多属性，如【灯光类型】（如点光源、聚光灯）、【强度】和【颜色】。若图层接受阴影，那灯光就可以在图层上产生投影。

与摄像机一样，要用好灯光，你需要有实际的布光经验。如果你在照片、电视或电影的拍摄现场从事过布光工作，你就可以在一个 3D 场景中轻松地设置一组灯光来模拟真实的打灯效果。

当你把 3D 对象从 3D 建模程序导入合成时，灯光才真正派上用场。只要你创建的 3D 模型和灯光符合专业标准，并且 After Effects 中的灯光与背景、绿幕素材中的灯光一致，你就可以创建出真实、逼真的动画，效果甚至可以与那些大片媲美。

如果你不知道该用哪个渲染器，请把 3D 渲染器设置为【经典 3D】。

使用 3D 图层控制器

当选中一个 3D 图层时，你就会在 3D 图层的中心看到一个彩色控制器，这个控制器就是 3D 控制器（图 6.18）。你可以通过拖动 3D 图层的控制器来调整图层的空间属性。

Y 轴控制器（绿色）　X 轴控制器（红色）

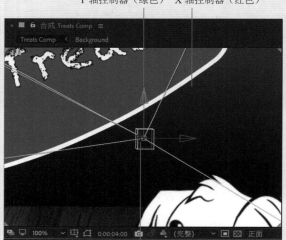

图 6.18 3D
图层的交互式
控制器

Z 轴控制器（蓝色，这个角度下很难看清）

控制器有 3 种颜色，每种颜色代表一个轴向。红色代表 X 轴，绿色代表 Y 轴，蓝色代表 Z 轴。为了便于记忆，大家可以把 RGB 3 种颜色与 XYZ 一一对应起来，这样大家只要记住"RGB=XYZ"就好了。

使用 3D 控制器之前，先选中目标图层，然后选择【选取工具】，再把鼠标指针移动到你想调整的坐标轴上，当鼠标指针旁边出现坐标轴的标签时拖动即可。例如，当你把鼠标指针放到 X 轴上时，鼠标指针右下角就会出现 X 图标，此时拖动即可调整 X 轴空间属性，并且拖动只会沿着 X 轴进行，Y 轴与 Z 轴上的坐标值不变。

6.7 时间轴面板中的各种开关

时间轴面板中包含许多开关，这些开关你可能不会全部用到。其中，图层开关会经常用到，请务必了解它的功能（参考第 1 章）。

★ ACA 考试目标 2.2

6.8 为路径文本制作动画

第 3 章中我们曾经为路径文本制作过动画，路径是我们用 After Effects 中的【钢笔工具】绘制的。有时路径是在 Illustrator 中绘制的，我们把路径导入 After Effects 中使用，因为两个软件中的路径在工作原理上是一样的。事实上，相比 After Effects，使用 Illustrator 绘制路径会更方便，因为它是一款专门的矢量制作工具，内置了功能更强大、更专业的路径绘制工具。

★ ACA 考试目标 4.2

★ ACA 考试目标 4.7

如何为路径文本制作动画呢？简单地说，大致有 3 步：首先把路径以蒙版形式添加到文本图层，然后在文本图层的【路径】属性中选择用作路径的蒙版，最后为文本图层的【首字边距】属性制作动画。

但这里有一点不同，那就是文本所依附的路径不是在 After Effects 中绘制的，而是来自 Illustrator。

为此，我们需要先把 text-path.ai 文件添加到合成中。第 2 章中我们提到过，以 .ai 为扩展名的文件是 Illustrator 文件（图 2.6），在把这样的文件导入 After Effects 之中后，你会看到一个 Illustrator 文档图标。

在使用 Illustrator 文件中的路径之前，我们必须先把 Illustrator 图层转换成 After Effects 形状图层。关于转换方法，请阅读第 2 章中的"把 Illustrator 图层转换成形状图层"部分。

另一种把 Illustrator 文件中的路径导入 After Effects 中的方法是，借助系统剪贴板把路径直接从 Illustrator 复制粘贴到 After Effects 中。如果你不需要使用链接文件，那使用这个方法会非常方便。

6.9　课后题

掌握本章所学的知识，进一步提高自己的合成水平。例如，找一张你本人或朋友的照片，抠掉背景，然后使用操控点动画制作技术为照片中人物的胳膊、腿部、头部制作动画。

打开图层的 3D 开关，把图层转换成 3D 图层，然后在 3D 空间中进行合成。例如，向 After Effects 中导入一些扑克牌的图片，然后尝试创建一个 3D 纸牌屋。

对于学有余力的朋友，你还可以上网搜索并下载一些 3D 模型，然后把它们导入 After Effects 中，练习在 3D 空间中调整它们。例如，你可以使用 3D 宇宙飞船模型来制作一场太空作战的场景，或者用挤压出的矩形创建城市天际线，同时不要忘了在场景中创建一个或多个摄像机，并为这些摄像机制作在场景中穿行的动画。

本章目标

学习目标

- 设计与动画制作法则
- 学习 2D 设计、3D 设计、音效设计等
- 使用插值改善动画
- 使用图形编辑器浏览、调整动画
- 了解版权和授权的基础知识
- 参加 ACA 考试的一些技巧

ACA 考试目标

- 考试范围 1.0

在视觉效果和动画行业工作

1.3，1.5

- 考试范围 4.0

创建和调整视觉元素

4.7

第 7 章

影视制作入行基础

经过前面几章的学习，相信你已经掌握了参加 ACA 考试的基础知识。本章我们将讲解一些行业背景知识，帮你最大限度地用好 After Effects，并了解 After Effects 的使用场景。当然，在这期间，我们还会继续介绍一些使用 After Effects 的技巧。

本章的最后，我们会讲解一些参加 ACA 考试的注意事项与技巧，以帮助大家更好地备考。

7.1 设计与动画制作法则

所有设计软件都一样，本质上它们都是一种设计工具，只掌握软件本身的用法并不能帮你做出好的设计作品来。除了掌握软件的基本用法之外，我们还需要学习一些设计法则等基础知识。After Effects 也不例外，要想最大限度地用好 After Effects，增强你的就业竞争力，除了掌握 After Effects 软件的用法之外，还得学习一些设计与动画制作的法则。

★ ACA 考试目标 1.5

动画制作法则

弗兰克·托马斯（Frank Thomas）与奥利·约翰斯顿（Ollie Johnston）在迪士尼工作室从事动画制作工作 43 年之久，他们在合著的《迪士尼动画原则》（英文书名是 *Disney Animation: The Illusion of Life*）一书中给出了若干"物理动画设计法则"。

学习这些法则的过程中，请你思考如下两个问题：法则本身讲的是什么？如何在 After Effects 合成设计中应用这些法则？下面给出 12 条动画法则。

挤压和拉伸

形状动画使用基本关键帧制作。物体形状的变化受物体本身的质量、材料的影响。例如，球体在撞击地面时会发生压缩变形，但是我们通常都不会注意到这一点。又如，当用手臂提东西或者面部表情发生变化时，肌肉会收缩与松弛。向物体应用挤压和拉伸效果有助于更清晰地交代运动过程（图 7.1）。

图 7.1 小球下落时会拉伸，撞到地面时会挤压

在 After Effects 中，通过为图层的【缩放】属性制作动画，可以为图层添加挤压和拉伸效果。制作动画时，通常我们会让图层在一个方向上的变化与另一个方向上的变化不一样，从而使图层的宽度或高度发生变化。

预备动作

制作挥动斧头砍木头的角色动画时，你肯定不想让手臂在往下砍的时候才动起来，也不想让手臂在斧子停下时立刻停住。有经验的动画师制作这个动画时通常会让角色在往下砍之前先把斧头扬起来，这样才符合真实的挥斧子砍木头的动作要求。这就是所谓的"预备动作"，它可以让观众知道接下来将要发生的动作。另一个例子是，人物角色在吹蜡烛之前往往会先深吸一口气，此时，人物的肺部会充气膨胀。

在 After Effects 中，使用什么技术来实现"预备动作"取决于你要实现什么样的动作。就上面两个例子来说，使用第 6 章中学过的"操控点动画"技术进行实现最合适。

演出布局设计

挤压与拉伸、预备动作都有助于向观众有效地提供额外信息。类似地，演出布局设计也有助于观众更快地理解动画，它为主要动作提供环境依据，例如摄像机焦距、拍摄角度、背景（是晴天，还是下雪？）等。

例如，在第 1 章制作的巴克斯特谷仓动画中，有太阳升起的场景。为了配合太阳升起动画，天空也要从黑夜变成白天。在整个动画中，太阳升起是主要动作，天空的变化为太阳升起提供了环境依据（图 7.2）。

图 7.2 背景天空由黑变白有助于表现太阳升起场景

如果制作周期较为宽松，你可以向动画中添加更多辅助元素，例如农场动物。有时间的话，可以多看一些大制作动画，学习一下动画师在场景中添加了哪些元素来衬托主要人物和推动故事情节。

演出布局设计的另一个关键不在于往画面中放什么，而在于思考应该把哪些元素从画面中剔除。画面中有些场景或背景元素可能会分散观众的注意力，减少主要动作的戏剧性或幽默感，我们应该把这样的元素从画面中剔除。

最好的演出布局设计应该能够把观众的注意力集中到人物的主要动作上，并有助于故事的叙述、情感的表达。

"连贯动作法"与"关键动作法"

使用"连贯动作法"制作动画时，动画师会根据人物的连续动作按顺序制作每一格画面，也就是从第一个镜头开始，依次设计人物的每一个动作，直到完成最后一个动作为止。而使用"关键动作法"制作动画时，动画师会根据需要先设计一组关键动作，然后再在这些关键动作之间添加过渡动作。

有些动画制作软件支持的是"连贯动作法"，制作动画时，你必须从头到尾手动绘制动画中的每一帧。但是，After Effects 并非采用这种制作方式。从前面几章的学习中，我们可以看出 After Effects 采用的是"关键动作法"，也就是基于关键帧制作动画。在 After Effects 中，我们首先在合成的时间轴中设置关键帧，然后 After Effects 会自动补齐关键帧之间的过渡帧。

这里，我们以第 6 章中的小狗动画为例子。制作时，我们先在动画的关键时间点上添加关键帧，设计好小狗的关键动作，然后计算机会自动生成从一个动作转换到另外一个动作的过渡帧（图 7.3）。

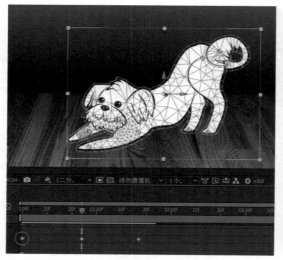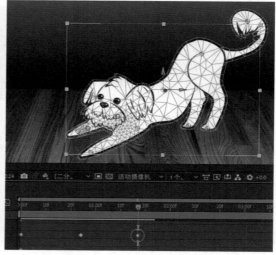

图 7.3 After Effects 中的关键帧用来设置动画的关键动作，关键帧之间的过渡帧由计算机自动生成

在传统动画制作中，关键帧由高级动画师（或首席动画师）绘制，关键帧之间的过渡帧由助理动画师绘制。而在 After Effects 中，你只要添加好关键帧，计算机会自动帮你生成关键帧之间的过渡帧，实在是太方便了。

"跟随动作"与"重叠动作"

"跟随动作"与"重叠动作"指的是人物的各个组成部分（如头发、衣服等）跟随人物自身运动的松紧快慢。其基本思想与"挤压和拉伸"类似，受到物理惯性（物体静止时，施加外力才能使它运动）、动量（要把运动的物体停下来时，它不会立即停下来）的影响，人物各个部分的运动方式略有不同。

例如，制作一个马车的动画时，在马刚开始奔跑时，马车不会立即运动。也就是说，你不应该让马车与马一开始就同时动起来。真实的情况是，马先跑起来，然后马车才动起来，即马车往前运动会稍微有一点延迟，这样才能表现出马往前奔跑的速度。"重叠动作"指主体的两个组成部分的动作略有不同，但在时间上有重叠（一个运动，一个不运动），然后两个动作变得协调一致。

"跟随动作"更多用来设计动画的停止动作。例如，在马车动画中，当马突然停下来的时候，马车不会立刻停住，而是会先往前滑一小段距离才停下，此时，乘坐马车的人也会跟着往前运动，甚至还会从座位上滑下来。在表现人物的头发、衣服的运动情况时，通常会使用"跟随动作"。

渐入渐出

渐入渐出用来控制动画速度，以实现戏剧化效果。渐入控制关键帧前的那些帧，渐出控制关键帧后的那些帧。在 After Effects 中，你可能已经为关键帧应用过【缓动】效果了（图 7.4），这种效果可以让运动更加自然，解决忽动忽停的问题。渐入渐出控制的就是缓动的速度。

图 7.4　在 After Effects 中通过【缓动】实现渐入渐出效果

在 After Effects 中，如果你想应用"预备动作"（以及戏剧性张力），你可以使用"图表编辑器"放慢靠近关键帧（主动作开始）的动作。本章后面有专门讲解了"使用图表编辑器调整动画",其中举了一个渐入的例子。

当然,你也可以使用图表编辑器对靠近关键帧的动画进行加速,使其速度更快,这种方法经常用来表现紧急状况或制造惊喜。

弧形运动

自然界中的运动很少有直线运动。当一个人物角色行走时,如果你细心观察,就会发现人物身体各个组成部分的运动轨迹皆为平滑的弧线。类似地,抛出和弹回的物体也都做弧线运动。

基于这个原因,在 After Effects 中,关键帧的空间属性默认使用的是"贝塞尔曲线插值法"。在"贝塞尔曲线插值法"之下,关键帧的运动路径是一条弧线(图 7.5)。相反,如果你向关键帧应用的是"线性插值法",那么关键帧之间运动就是直线,这种运动看上去很机械,而且生硬。

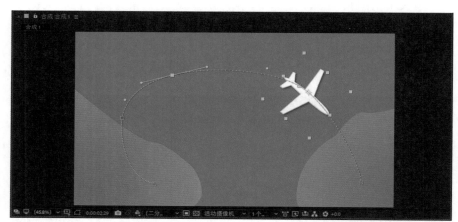

图 7.5 使用"贝塞尔曲线插值法"可以产生自然、平滑的弧形运动

辅助动作

辅助动作法则关注的是你如何让角色的各个部分动起来,以使这些动作为主要动作提供支持。例如,在前面提到的马车动画中,当马以最快的速度拉马车时,为了真实地表现这种场景,在为车轮制作动画时,你可以把车轮变成前倾的椭圆,在为乘客制作动画时,可以让乘客有上下跳动的动作。这些辅助动作能够很好地把马车急速行驶的情态表现出来,但是需要注意的是,辅助动作不应该分散观众的注意力,其根本目的在于辅助主要动作,否则就有喧宾夺主之嫌了。

时间控制

控制动画速度的关键在于控制时间。例如，在把樵夫持斧头的手臂往后拉（预备动作）时，你要让手臂保持多久才松开它，让它往下砍下去？又如，当卡通人物跌落悬崖时，你要让他们在空中停留多久，才开始掉向地面？

这些问题的答案取决于你想要什么样的真实度和戏剧化效果。要控制好时间，你必须多尝试、多思考，还要多向别人学习，你可以观看大量经典动画或著名动画师的作品，从中学习他们的动画制作技巧。当然，如果你有时间，还建议你学习一些表演课程，这些课程有助于你更好地理解人物的动作。

时间控制法则是其他法则（如预备动作、渐入渐出）的一个组成部分。它不只是加速或减速那么简单，还涉及其他操作时间的方法，例如，何时插入或消除停顿，或者在同一个动画中每个场景相对于其他场景持续多长时间。

After Effects 为我们提供了许多控制时间的工具，包括在时间轴上调整关键帧间隔、关键帧缓动、图表编辑器、时间重映射等。

夸张

你可能已经注意到，动画人物的关键特征（如眼睛、眉毛、肌肉等）看上去往往会比真实的样子更显眼。例如，有些尺寸或者活动范围更大（如眉毛其实并没有贴在脸上）。这就是"夸张"，运用夸张可以把人物的相应部位刻画得更清晰，使之更容易被观众所理解。

运用夸张手法时，夸张的程度不一定要很大，只要能把人物的情感清晰地表达出来就够了。实践中，你可以根据故事需要灵活地确定夸张程度。例如，当一个人对着另外一个人大喊大叫时，你可以让他的嘴巴张开的幅度比另外一个人的头还大，运用这种夸张手法有助于表现人物的愤怒情绪。

在 After Effects 中，你可以使用操控点动画来应用夸张手法，也可以使用各种效果、属性（如【缩放】属性）来实现夸张效果。不管你采用什么方法，只要能够实现夸张的效果就行。

扎实绘画

要提高动画的表现力，还需要你应用一些绘画技巧和法则，为动画人物塑造体积感、重量感、平衡感，添加生命活力。这需要你具备扎实的绘画功底。

乍一看，这个法则好像无法应用在抽象动画中，但其实仍然适用。你可以操纵色调、颜色和结构来表现生命体的质量和运动状态，同样，使用这种方法，你也可以让简单形状和线条动起来，就像它们有了生命一样。

在 After Effects 中，向文本与形状图层应用【斜面和浮雕】等效果有助于表现这些对象的体积感和重量感（图 7.6）。制作人物与动物卡通形象时，你可能需要使用 Illustrator 或 Photoshop 中更为强大的绘画工具来绘制卡通形象，然后再导入 After Effects 中制作动画。

图 7.6　向 Logo 应用
【斜面和浮雕】效果，
增强 Logo 的体积感和
立体感

吸引力

吸引力法则是一个更常规、更通用的法则，它讲的是你如何在动画中应用其他法则。吸引力包括动画背后整个故事的吸引力、人物性格的魅力或个性吸引力，以及你如何将这些法则与你的动画和绘画风格结合起来，从而更好地表现故事。

为了尽可能地增加动画的吸引力，在开始制作之前要设计好故事，做好角色塑造。如果你的强项是绘画，而不是故事设计，你可以选择与编剧一起工作，通过他们了解人物性格的细节，从而绘制动画的每个场景。

应用动画制作法则

上面这 12 条法则始终围绕着一个主题，那就是当我们观看动画时，我们希望动画人物的动作中包含大量线索暗示，就像现实生活中一样。

但是，这些线索在纯粹的数字动画中很容易丢失（即使有，看起来也非常呆板、机械）。作为一名动画设计师，你的部分工作是添加必要的额外线索，以便把你的意图更清楚地传达给观众。

请认真对待这些动画制作法则，把它们看作是你的创作工具的扩展。制作动画时，运用好这些工具，你可以给观众带来更丰富、更容易理解和更满意的观看体验。

你不必每次制作动画都绞尽脑汁把所有法则全部用上，但一定要时刻留意各个法则的使用时机。就像厨师选择食材烧制一道菜一样，制作某一段动画时，你要知道使用哪些法则是合适的，哪些法则是不合适的。

从长远来看，你对上面这些动画制作法则的运用方式也有助于你形成自己独特的动画风格。

7.2 使用插值改善动画

★ ACA 考试目标 4.7

当你在时间轴面板中添加关键帧时，After Effects 会在关键帧之间添加过渡帧，以此实现关键帧之间的过渡。要实现平滑过渡，After Effects 必须精确计算帧与帧之间属性值的差，这就是"插值"。

例如，前一个关键帧的【不透明度】值为 0%，后一个关键帧的【不透明度】值为 100%，After Effects 会把差值（100%）平均分配到两个关键帧之间的所有过渡帧上，得到每个帧【不透明度】的确切值，这样就可以实现【不透明度】从 0% 到 100% 的平滑过渡。

在上面的例子中，每个插值都是一样的，所以变化会立即开始，并且保持恒定速率不变。但有时我们并不想这样，我们希望变化速率随着时间变化。前面我们用过【缓动】效果，这个效果会降低进入或退出关键帧时的变化速率，当当前时间指示器快接近下一个关键帧时，After Effects 会使用一个数学表达式来减小帧之间的差值。

7.2.1 时间插值与空间插值

在 After Effects 中，你可以使用两种类型的插值：时间插值与空间插值。下面让我们一起了解一下这两种插值。

- 时间插值（Temporal interpolation）：控制 After Effects 如何计算关键帧之间与运动无关的属性值（如不透明度）的变化速度。temporal 这个词与时间有关，你可以理解成与"速度"（tempo）有关。你只能控制时间轴面板中关键帧的时间插值。
- 空间插值（Spatial interpolation）：控制 After Effects 如何计算关键帧之间与运动相关的属性值（如位置属性下的 X、Y、Z 值）的变化速度。Spatial 这个词与"空间"（space）有关。你可以在时间轴面板或合成面板中控制关键帧间的空间插值。

7.2.2 选择插值方法

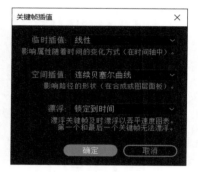

图 7.7 【关键帧插值】对话框

在 After Effects 中，时间插值和空间插值都有多种插值方法，你可以使用同样的方法分别设置每种类型的插值。更改插值步骤如下（图 7.7）。

1. 在时间轴面板中，选中一个或多个关键帧。
2. 从菜单栏中依次选择【动画】>【关键帧插值】命令。
3. 在【关键帧插值】对话框中，根据需要，选择时间插值或空间插值。

- 线性：选择【线性】插值，在两个关键帧之间的整个区间内变化速率是恒定的。真实运动的速率几乎没有完全恒定的，所以使用【线性】插值产生的运动看上去非常简单、机械，不够自然。
- 贝塞尔曲线：选择【贝塞尔曲线】插值，一个关键帧两侧的变化率很平稳，当然两侧的变化率也可以不一样。当你希望平滑地过渡到某一个关键帧，然后从这个关键帧立即转入另外一种平滑过渡时，可以使用【贝塞尔曲线】插值。就运动路径（后面讲"使用图表编辑器调整动画"时会提到）来说，【贝塞尔曲线】插值看上去就像是一个在不同角度上带有贝塞尔控制手柄的关键帧。
- 连续贝塞尔曲线：选择【连续贝塞尔曲线】插值，经过关键帧时的过渡是平滑的。它与【贝塞尔曲线】插值不同，在经过关键帧时，不会出现变化速率的突变。就运动路径（后面讲"使用图表编辑器调整动画"时会提到）来说，【连续贝塞尔曲线】插值看上去就像是一个带有贝塞尔曲线控制手柄的关键帧，当你移动这些控制手柄时，它们始终保持在一起。

- 自动贝塞尔曲线：选择【自动贝塞尔曲线】插值，当你改变相邻的关键帧时，贝塞尔曲线控制手柄会保持在一起并自动调整。如果你把关键帧设置为【自动贝塞尔曲线】，并手动调整了它的控制手柄，此时插值方法会变为【连续贝塞尔曲线】。

- 定格：对于时间值，选择【定格】插值法会一直保持着第一个关键帧的值直到下一个关键帧。例如，还是前面那个【不透明度】的例子，在遇到下一个关键帧之前，每个关键帧的【不透明度】值都是 0%，当遇到下一个关键帧时，【不透明度】值立即变为 100%。

4. 当同时选中一个空间属性的多个关键帧时，【漂浮】下拉列表框就变成可用状态。

- 漂浮穿梭时间：这个选项会在多个关键帧之间自动保持速度一致。选择这个选项并单击【确定】按钮之后，请不要再手动调整所选关键帧的时间，After Effects 会根据所选关键帧前后关键帧的值自动调整所选关键帧的值。

- 锁定到时间：选择该选项后，关键帧会像我们希望的那样停留在添加它们的地方。如果你更改了某个关键帧的【位置】值，整个运动路径上这一段的速度会变得与其他部分不一样。如果你想保持速度一致，就得自己手动调整。

5. 单击【确定】按钮。

提示

After Effects 为我们提供了【当前设置】选项。如果你想更改时间或空间插值，但又不想同时更改二者，那你可以把未更改的属性设置为【当前设置】，这样就不会发生改变。

提示

使用鼠标右键（Windows），或者按住 Control 键（macOS），单击关键帧，然后从弹出菜单中选择【关键帧插值】命令，也可以打开【关键帧插值】对话框，以修改插值方法。

7.3 使用图表编辑器调整动画

在前面的讲解中，我们已经使用关键帧制作过很多动画了。在这个过程中，你可能已经注意到了一个问题，那就是编辑某个关键帧会导致变化发生得太快或太慢。为此，After Effects 提供了多种用于调整关键帧之间变化快慢的方法，其中一些方法前面已经用过了。接下来，我们介绍另外一种方法——使用图表编辑器。

★ ACA 考试目标 4.7

7.3.1　控制变化快慢

假如有一个图层，其【不透明度】属性上有两个关键帧，相隔 1 秒，在这两个关键帧之间，图层的【不透明度】值变化了 50%。在这个过程中，【不透明度】值变化的快慢取决于以下这些因素。

- 关键帧之间的时间间隔：两个关键帧靠得越近，变化得越快。例如，你把两个关键帧之间的时间间隔由 1 秒改为 0.5 秒，那【不透明度】值变化的速度必须比之前快一倍，才能在 0.5 秒内完成改变。
- 关键帧之间属性的差值：两个关键帧之间属性的差值越大，变化得就越快。例如，1 秒钟内两个关键帧之间【不透明度】值之差由 50% 变为 100%，那变化的速度必须快一倍，才能在 1 秒内完成变化。

如果你更改了某个关键帧的插值类型，那么在靠近这个关键帧或远离这个关键帧的过程中，属性变化的速度就会受到影响。当所有贝塞尔插值方法带来的速度改变都无法令你满意时，你可以使用图表编辑器自己进行调整。

在合成面板中，关键帧之间的运动路径上有一些点，这些点的疏密程度代表属性值变化的快慢。当路径上的点靠得比较近，即比较密集时，相应属性值的变化就比较快。借助图表编辑器中的速度曲线，你可以直观地观察到时间属性值的变化快慢。

7.3.2　图表编辑器

图表编辑器一直隐藏在时间轴面板中。下面，让我们一起了解一下它！

在时间轴面板中，单击【图表编辑器】图标（图 7.8），即可打开图表编辑器。再次单击【图表编辑器】图标，可以把它隐藏起来。

在图表编辑器中，你会看到一个值图表，它是一条连接着关键帧的路径。相比默认的时间轴视图，通过图表编辑器，你可以知道更多有关属性值随时间变化的信息。水平坐标轴代表时间，垂直坐标轴代表属性值，值图表显示的是属性值随时间变化的情况。

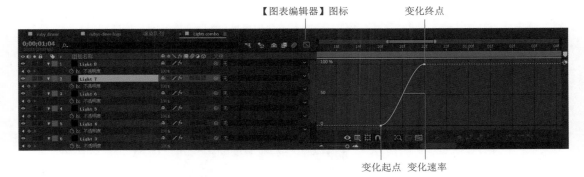

图 7.8　图表编辑器中显示了关键帧之间属性值的变化快慢

　　在图表编辑器底部有一排图标（图 7.9），其中左侧图标用来控制视图，右侧图标（这些图标只有选择了关键帧后才可用）用来更改关键帧设置（如插值类型）。右侧图标所代表的关键帧选项也可以在菜单和【关键帧插值】对话框中找到，但是借助这些图标，你可以更轻松地编辑它们。

提示

你可以在时间轴面板中同时选中多个属性，然后在图表编辑器中把它们同时显示出来。

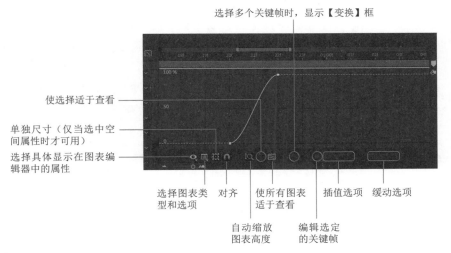

图 7.9　图表编辑器底部的控件图标

7.3.3　编辑值图表

　　在值图表中调整属性值相当简单。

编辑属性值图表的步骤如下（图7.10）。

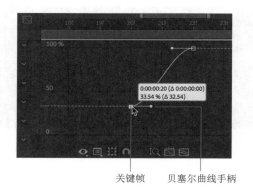

图7.10　在图表编辑器中调整值图表

关键帧　　贝塞尔曲线手柄

1．在时间轴面板左侧的图层列表中，选择你想编辑的属性。

2．在图表编辑器中，向上拖动关键帧增加属性值，向下拖动减小属性值。同时，在属性列表中，你也会看到属性值的变化。

3．单击图表编辑器右下角的图标，编辑关键帧及其插值类型。

4．若关键帧使用的插值类型带有贝塞尔曲线控制手柄，你可以拖动控制手柄调整属性值在靠近关键帧或远离关键帧时的变化快慢。

你可能会觉得贝塞尔曲线控制手柄很熟悉，这是因为在After Effects中所有贝塞尔曲线控制手柄的工作原理都是一样的。在图表编辑器中调整关键帧贝塞尔曲线控制手柄的方法与第3章中学过的调整【钢笔工具】绘制的蒙版路径和第5章中调整运动路径的方法一样。在图表编辑器中，你可以使用相同的技术编辑关键帧及其贝塞尔曲线控制手柄，以准确地控制属性值在一系列动画帧之间变化的快慢。

注意

如果关键帧表示的是空间属性，在使用贝塞尔曲线控制手柄编辑它时，你可以直接在合成面板（非图表编辑器）中查看并调整控制手柄。

7.3.4　编辑速度图表

除了控制属性值的变化之外，使用类似的方法，你还可以准确地控制速度的变化。为此，我们需要打开速度图表。

单击图表编辑器底部的【选择图表类型和选项】图标（▣），从弹出菜单中，选择【编辑速度图表】命令，即可打开速度图表（图7.11）。

值图表显示的是关键帧所代表的属性在特定时间点的取值，而速度图表显示的则是属性值在那个时间点的变化速率。

类似于值图表，你可以使用贝塞尔曲线控制手柄准确调整属性值在进出关键帧时的变化速率（图 7.12）。贝塞尔曲线控制手柄是结合在一起的还是分离的，取决于你应用到关键帧上的插值类型。

图 7.11　在图表编辑器中打开速度图表

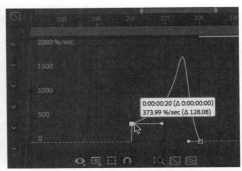

图 7.12　在图表编辑器中调整速度图表

当你把一个关键帧的贝塞尔曲线控制手柄拖长或拖短时，你会改变这个关键帧对相邻关键帧方向上的速度值的影响程度。

请记住，速度是多种因素共同作用的结果，包括关键帧之间属性值改变的程度以及它们之间的时间间隔。这些因素在数学上是有关联的，也就是说，你只能通过改变这些因素来改变速度。例如，你想让 After Effects 把变化速度加快一倍，那你必须更改关键帧的时间或属性值。总之，只改变速度本身是不可能的。

单击图表编辑器底部的【选择图表类型和选项】图标，从弹出菜单中，选择【编辑值图表】命令，即可返回值图表中。

除了上面这些外，有关图表编辑器的内容还有很多。关于如何使用图表编辑器的更多内容，请阅读帮助文档。

提示

在图表编辑器中，你可以同时选中并移动多个关键帧。

7.4　尊重知识产权

在互联网上，大量图片、视频、音乐资源唾手可得。人们几乎可以从互联网上下载所有能找到的内容，然后把它们组合到自己的作品中。不过，媒体产业在知识产权、许可证、授权方面有一整套完整的

★ ACA 考试目标 1.3

体系，这套体系得到了法律、法规的支持。虽然在网上你可以轻松找到各种媒体素材，并把它们随意用到自己的个人作品中供自己消遣，但是一旦你进入动画行业，就必须尊重所用素材的知识产权。否则，你可能会让你与你的客户陷入法律诉讼的风险之中，并且可能招致巨额罚款或其他惩罚。为了避免出现这样的问题，我们必须认真了解知识产权有关的法律、法规，并遵守它们，这样才不会危及你的职业生涯。

7.4.1　授权类型

对于下载并在项目中使用的素材，你一定要搞清楚它们使用的是什么类型的授权，这一点非常重要。如果你搞错了某个素材的授权类型，就有可能会产生法律风险。当你为一个公司或机构制作视频时，如果非法使用了从网上下载的素材，你可能也会把这个公司或机构置于法律风险之中，这显然有损你的个人声誉。为了避免出现这样的问题，我们必须了解并遵守素材使用的授权类型。有时你可能心存侥幸，觉得自己制作的项目很小而且是非商业性的，没人会注意到它，使用一些未经许可的素材不会有什么问题。但是不要忘了，我们身处网络时代，你永远不知道一个视频什么时候会突然走红。另外，侵权的检测手段也升级了，而且支持自动检测，一些版权代理公司会使用软件不定期地检查网上的视频是否非法使用了自己的素材。

所以，不论什么时候，都不要心存侥幸，请严格遵守相关法律法规，不要使用任何有法律风险的素材。

使用有版权的素材必须获得版权人的使用许可，只指明素材来源是不够的。当一件作品问世时，作者就自动拥有了该作品的版权，除非作者以书面形式同意转让他人，否则作品的版权就一直归原作者所有。如果一件作品在版权部门登记过，该作品作者在与侵权人（未经版权人许可擅自使用他人作品者）的官司中就有可能获得更高的经济赔偿。

在受版权保护的作品中，你可以不经许可使用其中一小部分作品，这部分作品属于"合理使用"（fair use）的范畴。在法律上，"合理使用"是一个带有特定含义的术语，各个国家和地区在"合理使用"制度方面的立法差异很大。因此，在把这样的作品使用到你的项目之前，你应该仔细研究并了解你所在地对"合理使用"的定义。

有些"公有领域"（public domain）的作品，任何人都可以不经作品所有者的许可和授权使用。对于"公有领域"的作品，人们有一个常见的误解，认为那些能够从网上轻松下载到的作品都属于"公有领域"的作品，如一张图片、一首歌。从法律上讲，这种认识是不对的。判断一个作品是否是"公有领域"的作品，不应看它是否能够轻松获得。"公有领域"是一个有特定含义的法律术语，在不同国家有不同的解释。在网上看到一些想使用的作品时，你不能先入为主地认为它们是"公有领域"的作品而肆意使用，除非它们明确表明自身是"公有领域"作品。所以，在使用任何一种素材之前，请先查看素材的许可类型，或者联系作者获取授权。

你可能听说过"知识共享"（CC，Creative Commons）这种许可类型，它通过几组不同的权利组合来保护作品版权，同时促进作品传播。在传统版权保护下，创作者要么保留所有权利（版权领域，使用需要创作者许可），要么不保留所有权利（公共领域，创作者不享用所有权或控制权），而"知识共享"则试图在两者之间寻求一种平衡，即创作者在保留作品部分权利的同时，把自己的作品与大众分享并传播出去。在使用遵守"知识共享"的作品时，请明确作品遵守的具体是哪一种权利组合，以及你选择这种权利组合的原因并且在作品使用过程中严格遵守其条款。

如果一个作品可以免授权费使用，或者授权费很低，那这种授权一般都是非独家授权，也就是说，任何人都可以免费或付一定的费用来使用它。不过，有些大客户更喜欢以独家授权的形式取得某个作品的使用权，并且他们也愿意为独家授权支付更多费用，独家授权这种形式会限制其他人使用这个作品。例如，有一个豪华汽车厂商想在其商业广告中使用某一首歌曲，那他可能会与版权方签订一份为期5年的独家授权合同。在这段时间内，其他厂商（如二手车经销商、猫砂工厂等）就不能在广告中使用这首歌曲了。

7.4.2　获取肖像权和物权授权

模特肖像权授权协议（model release）从法律上确保了你有权拍摄某个人物，也就是从法律上保证你拍摄某人的合法性。例如，你拍摄某个学校时，无意中拍到了一些不满 18 岁的学生。为了确保合法性，你必须获得这些学生的肖像权授权，但是由于这些学生尚未成年，所以你必须从他们的监护人那里获得肖像权授权。

你可以从网上下载现成的模特肖像权授权协议模板，有些手机 App 也可以用来生成模特肖像权授权协议。

如果你拍摄的视频中包含一些私有财产，为了保证拍摄的合法性，你需要取得财产所有人的物权授权。与模特肖像权授权一样，取得了物权授权之后，你就可以合法地拍摄建筑物内外部空间了。在某些情况下，某个建筑不是拍摄的重点，此时拍摄可能就不需要获得该建筑的物权授权了。例如，你拍摄的是城市天际线，其中包含了数百栋建筑，而某个物权建筑只在其中占很小的一部分。但是，为了避免法律风险，在拍摄之前，你最好还是咨询一下当地熟悉物权法的律师。

7.4.3 寻求法律援助

如果你的公司主要从事的是视频制作业务，那你最好还是专门聘请一位熟悉相关法律的律师担任公司法律顾问。有了这样一位法律顾问，你就可以随时向他咨询有关许可授权的法律法规，确保自己项目中使用的素材全都是合法的。同时，你也可以向他咨询采用何种许可证把自己的作品发布或销售出去。公司法律顾问也可以帮助审查模特肖像权授权协议或物权授权协议，确保你签署的协议符合当地的法律法规。

7.5 课后题

牢记你学过的知识和技能，并随时找机会把它们应用到你的项目中，提升项目水平。你的视频项目中的标题是不是呆板、无聊？如果是这样，你可以在 After Effects 中轻松地设计一个动态标题。如果你刚度假回来，你可以把旅程地图做成动画，然后把它添加到你拍摄的度假视频中。多想想如何才能使用 After Effects 为你创建的内容添加动态视觉效果。

最后，衷心祝愿你在 ACA 考试中取得好成绩！